机动车污染物排放检验技术

张雪莉　编著
边耀璋　主审

北京交通大学出版社
·北京·

内容简介

我国机动车排气污染物排放总量随着汽车保有量的增长而同步持续攀升，近年来全国雾霾天气频繁出现，为改善环境空气质量，相关部门对控制汽车污染物排放也越来越重视，技术标准也越来越严格。因此汽车污染物排放检验技术已是汽车检测与维修等相关技术人员必须和急需掌握的技术。

本书主要包含以下内容：机动车污染物排放检验标准；机动车污染物排放检验设备的结构、工作原理和使用方法；双怠速法、自由加速法、稳态工况法、简易瞬态工况法及加载减速法的检验流程、方法和检验结果判断。

本书具有系统性、知识性的特点，内容较充实，实用性和通用性强，完全符合最新版排放标准 GB 18285—2018 及 GB 3847—2018 的要求。本书不仅适用于机动车尾气排放检验与维修等相关技术人员、政府相关监管人员的培训使用，也适合高职高专院校的教学使用，还可作为机动车污染物排放检验控制系统的设计工程技术人员的参考资料。

图书在版编目（CIP）数据

机动车污染物排放检验技术 / 张雪莉编著. — 北京：北京交通大学出版社，2020.4（2021.10 重印）

ISBN 978-7-5121-4188-9

Ⅰ.① 机… Ⅱ.① 张… Ⅲ.① 汽车排气-空气污染控制-检测 Ⅳ.① X734.201

中国版本图书馆 CIP 数据核字（2020）第 050110 号

机动车污染物排放检验技术

JIDONGCHE WURANWU PAIFANG JIANYAN JISHU

策划编辑：刘建明

责任编辑：吴嫦娥

出版发行：北京交通大学出版社　　电话：010-51686414

北京市海淀区高梁桥斜街 44 号　　邮编：100044

印 刷 者：北京鑫海金澳胶印有限公司

经　　销：全国新华书店

开　　本：185 mm×260 mm　印张：7.5　字数：192 千字

版 印 次：2020 年 4 月第 1 版　2021 年 10 月第 3 次印刷

定　　价：25.00 元

本书如有质量问题，请向北京交通大学出版社质监组反映。对您的意见和批评，我们表示欢迎和感谢。

投诉电话：010-51686043，51686008；传真：010-62225406；E-mail：press@bjtu.edu.cn。

前　言

截至 2019 年 6 月，全国机动车保有量已达 3.4 亿辆，其中汽车 2.5 亿辆。随着我国机动车保有量的逐年攀升，市区主要道路中心的 HC、CO、NO_x、PM 等的浓度正呈逐年增加趋势，主城区内机动车的污染物排放已成为城市空气污染的污染源，社会对机动车污染物排放也越来越关注。2019 年 5 月生态环境部实施了最新的机动车排放检验标准，在检验项目、检验设备、结果判定等方面变化巨大，而目前市场上教材均未涉及此次新标准、新技术内容。为适应新标准变化带来的社会迫切需求，编者于 2019 年 10 月着手编写了《机动车污染物排放检验技术》。

本书分为 6 章：第 1 章介绍机动车污染物排放检验概述；第 2 章介绍机动车污染物排放检验设备，包括排气分析仪、不透光烟度计、氮氧化物分析仪、底盘测功机等；第 3 章介绍汽油车污染物排放检验方法，包括双怠速法、稳态工况法和简易瞬态工况法；第 4 章介绍柴油车污染物排放检验方法，包括自由加速法和加载减速法；第 5 章介绍车载诊断 OBD 系统检查；第 6 章介绍汽车排气后处理装置。

本书在《机动车排气污染物检测技术》（第 2 版）的基础上，结合《汽油车污染物排放限值及测量方法（双怠速法及简易工况法）》（GB 18285—2018）及《柴油车污染物排放限值及测量方法（自由加速法及加载减速法）》（GB 3847—2018）两项最新国家标准的要求，更新了部分检测设备的结构、参数、使用、锁止等知识，增加了氮氧化物分析仪、OBD 诊断仪等新设备的技术内容，更新了各方法的检验流程及结果判定，以期紧贴机动车污染物排放检验最前沿技术的发展及需求。本书内容通俗易懂，图文并茂，突破了传统科技书籍偏深、偏繁的模式，实用性和适用性较高。

本书由陕西交通职业技术学院张雪莉教授编写。长安大学博士生导师边耀璋教授担任本书主审，对本书进行了认真的审阅，并提出了许多宝贵的意见，在此表示衷心的感谢！本书在编写过程中陕西省机动车辆检测协会的专家们、机动车检验机构、设备厂家等提出了很多宝贵意见，在此一并深表感谢。同时，也向文献资料的编著者和支持本书编写的企业一线技术人员表示感谢。

由于机动车污染物排放检验技术、标准及设备更新速度快，加之编者水平有限和时间紧迫等原因，书中难免有疏漏和不足之处，恳请广大读者和业内专家批评指正。

编　者

2020 年 01 月

目　　录

第1章 机动车污染物排放检验概述

◆ 学习目标 ◆

1. 了解机动车污染物排放的危害；
2. 熟悉在用机动车污染物排放检测机构的相关要求；
3. 掌握相关专业术语。

1.1 机动车污染物排放的来源及危害

随着我国综合国力和人民生活水平的日益提高，机动车保有量也持续增长，机动车污染物排放排放总量随着汽车保有量的增长而同步持续攀升。近年来，市区主要道路中心的碳氢化合物、一氧化碳、氮氧化物浓度呈逐年增加趋势。主城区内机动车的排气污染物，成为城市空气污染的主要污染源。依据生态环境部发布的《中国移动源环境管理年报（2019）》数据，2018年全国机动车保有量达到3.27亿辆，同比增长5.5%。其中，汽车保有量达到2.4亿辆，同比增长10.5%；新能源汽车保有量达到261万辆，同比增长70.0%。汽车已占我国机动车主导地位，其构成按车型分类，客车占88.9%，货车占11.1%；按燃料类型分类，汽油车占88.7%，柴油车占9.1%，新能源车占1.1%；按排放标准分类，国Ⅲ及以上标准的车辆占92.5%。

2018年，全国机动车四项污染物排放总量初步核算为4 065.3万吨。其中，一氧化碳（CO）3 089.4万吨，碳氢化合物（HC）368.8万吨，氮氧化物（NO_x）562.9万吨，颗粒物（PM）44.2万吨。汽车是机动车大气污染排放的主要贡献者，其排放的CO、NO_x和PM超过90%，HC超过80%。按车型分类，货车排放的NO_x和PM明显高于客车，其中重型货车是主要贡献者；客车CO和HC排放量明显高于货车。按燃料分类，柴油车排放的NO_x接近汽车排放总量的70%，PM超过90%；汽油车CO和HC排放量较高，CO超过汽车排放总量的80%，HC超过70%。占汽车保有量7.9%的柴油货车，排放了60.0%的NO_x和84.6%的PM，是机动车污染防治的重中之重。

汽车排出大量的CO、HC、NO_x、细微颗粒物及硫化物等，它们都是发动机在燃烧做功过程中产生的有害气体。这些一次污染物还会通过大气化学反应生成光化学烟雾、酸沉降等二次污染物，它们对城市大气环境和人类健康及生态系统造成了一系列的不利影响。研究表明，汽车排气污染物对环境的影响不仅是局部的，许多影响还可以扩展到大气层中很远的距离及其他地区，并存在很长时间。通过对空气污染的全面分析，可将汽车排气污染的特征划分为：① 局部的有害影响，如 CO 等；② 区域性有害影响，如光化学烟雾、酸沉降；③ 洲际性有害影响，如细微颗粒、SO_x、NO_x。因此，治理汽车排放污染问题已引起全球的重视。

1.1.1 CO

CO 是燃料在缺氧的条件下燃烧生成的。O_2 越少，CO 生成得越多，排气中 CO 的含量也越高。例如，当汽车怠速时，燃料不能充分燃烧，废气中 CO 的含量就会明显增加。

CO 是无色、无味的有毒气体。吸入过量的 CO，会直接阻碍血红蛋白与氧的结合，即影响血液输送氧的能力，使人体缺氧而中毒。中毒后会引起头晕、呕吐和神经系统障碍等症状，严重时可造成死亡。尤其危险的是，CO 无色无味，往往不易引起人们的注意，而使人在不知不觉中中毒。

1.1.2 HC

HC 是燃料未完全燃烧和未参加燃烧的产物。只有在理想空燃比情况下，燃料燃烧才最充分，HC 生成才最少。当空燃比较大时，由于 O_2 较多，混合气被稀释，此时燃料不能被完全燃烧，故 HC 含量增大；而当空燃比过小时，由于 O_2 不足，燃料也不能充分燃烧，故此时 HC 也会增多。此外，供给系统中燃油的蒸发和滴漏，也会导致 HC 气体直接进入大气。

HC 除含有烃类化合物外，还含少量的醛、醇、酮及多环芳香烃等。其中，烃类化合物对人体健康并无大的影响，但醛类（甲醛、丙烯醛）对人的眼、鼻和呼吸道有明显的刺激作用，多环芳香烃（苯并芘）则是一种致癌物。

1.1.3 NO_x

NO_x 是氮氧化物的总称，包括 NO、NO_2、N_2O 等多种气体成分。NO 本身毒性不大，但它容易氧化成有毒的 NO_2。NO 和 NO_2 被吸入肺部后能与水结合成 HNO_2（亚硝酸）和 HNO_3（硝酸），对呼吸系统有强烈的刺激作用。亚硝酸盐还能与血红蛋白结合而导致人体组织缺氧。

NO_x 与 HC 在受到阳光紫外线照射后，会发生光化学反应，形成光化学烟雾。它能刺激眼结膜，引起眼流泪并导致红眼病；刺激呼吸系统引起咽喉肿痛以致呼吸困难。

NO_x 是高温情况下空气中的 N_2 与 O_2 反应后的产物。所以，在理想空燃比条件下，燃料燃烧最完全、温度最高时，生成的 NO_x 也最多；反之，在 N_2 过浓或过稀、燃烧温度都偏低时，生成的 NO_x 也比较少。

1.1.4 碳烟颗粒

柴油车排出的 PM（particulate matter，颗粒物）分为碳烟颗粒、NO_x 及可溶性有机组分（soluble organic fraction，SOF，即未燃烧的液态 HC），控制的重点是 NO_x 和碳烟颗粒两种污染物。碳烟颗粒与有机溶剂不相溶，主要是柴油机燃料与空气混合不均匀，造成局部浓度过

大，在高温缺氧条件下燃料未能充分燃烧而生成一种有机碳颗粒，悬浮于排气中。碳烟颗粒越小（直径小于 0.3 μm），悬浮在空气中的时间越长，进入人体后的危害越大。碳烟颗粒中的有害物质可致癌，并降低空气能见度。碳烟颗粒在发动机大负荷或突然加速时最容易产生。

PM2.5 指空气中直径小于 2.5 μm 的颗粒物，值越高代表空气污染越严重。柴油车是 PM2.5 的主要来源之一。

另外，排气污染物的产生还与发动机的温度、工况及使用年限等有关。

1.2 机动车污染物排放检验技术的发展

美国是世界上最早执行汽车排放法规的国家，也是排放控制指标种类最多、排放法规最严格的国家。加州 1960 年立法控制汽车排气污染物，其早期对在用汽油车进行排气检测时采用的是怠速法。但是，怠速法为无负载检测方法，其检测精度低，且不能全面反映出汽车真实的排放情况。例如，它难以检验 NO_x 的排放情况（因为 NO_x 在高温、大负荷时排放较多）；对于电控燃油喷射（EFI）发动机，由于其怠速控制部分是相对独立的，所以怠速测试合格并不能说明各种工况下都合格。对于柴油车，其早期采用的是自由加速工况法，同怠速法一样，也属于无负载检测方法，检测结果的真实性差。鉴于此，美国研究发展了一系列有载荷检测方法。由于这些方法与新车试验相比，仪器设备及实验循环都做了简化，试验时间也缩短很多，因此被称为简易工况法。简易工况法主要是指汽油车瞬态工况法（IM195）、稳态工况法（ASM）、简易瞬态工况法（VMAS）及柴油车加载减速工况法。

IM195 采用美国联邦新车型式认证用测试规程 FTP 曲线前 0 ~ 333 s 的两个峰，经修改缩短为 195 s，测试结果以 g/km 表示。由于其采样装置、分析仪器与新车试验一致，所以三种污染物（CO、HC、NO_x）的测试结果错判率很低。但 IM195 是一种技术含量较高的检测方法，设备费用昂贵且维护复杂，对检测人员有较高的要求，目前国际上应用得较少。

为了减少设备投资和日常维护费用，提高检测效率，扩大检测范围，美国提出了更为简单的 ASM，该方法在检测机构和维修行业被广泛采用。ASM 可直接利用怠速法中使用的排气分析仪对排气污染物浓度进行测试，而且只有两个等速工况：一是 ASM5025 工况，二是 ASM2540 工况。但 ASM 与 FTP 相关性差。

为了克服 ASM 与 FTP 相关性差、IM195 虽然与 FTP 相关性好但费用太高的问题，美国又推出了 VMAS。VMAS 采用与 IM195 相同的底盘测功机，吸取了 IM195 采用瞬态工况、测量稀释后排气量最终可测出污染物排放量的特点，又吸取了 ASM 直接利用排气分析仪就可对排气污染物浓度测试的优点，利用气体流量分析仪来测得汽车的排气流量（经稀释），经处理计算，最后也可得出每种污染物每公里的排放量。美国本土试验数据表明，其检测结果的稳定性很好。

柴油车加载减速工况法（lug down mode）是指柴油车油门处于全开位置，通过对驱动轮强制加载迫使柴油车减速运行的工况。“lug down”对高排放的“黑烟车”很有效。

从20世纪80年代开始至今，我国对在用机动车尾气排放检测已进行了近40多年。我国从1993年开始采用怠速法对汽油车排气污染物进行检测，采用滤纸烟度法对柴油车排气污染物进行检测。接着，为了进一步严格控制汽车排气污染物的排放并靠拢国际标准，于2005年出台了《点燃式发动机汽车排气污染物排放限值及测量方法（双怠速法及简易工况法）》(GB 18285—2005）和《车用压燃式发动机和压燃式发动机汽车排气烟度排放限值及测量方法》(GB 3847—2005）两个标准。GB 18285—2005要求对汽油车实施双怠速法或简易工况法进行检测。此处的简易工况法分为稳态工况法、瞬态工况法（选取新车城市循环中的一个15工况循环作为测试循环）和简易瞬态工况法三种试验方法。虽然这三种简易方法中瞬态工况法测量结果最准确、可靠，但由于瞬态工况法设备昂贵（约为VMAS、ASM的10倍)，测试时间长，检测成本过高，在我国未被采用。我国主要选用稳态工况法（ASM，2个90 s）和简易瞬态工况法（VMAS，195 s)。2018年11月7日生态环境部和国家市场监督总局发布了《汽油车污染物排放限值及测量方法（双怠速法及简易工况法)》(GB 18285—2018)，对设备提出了新要求，并且由仅控制新车的模拟排放控制发展到对车辆排放控制性能的耐久性提出要求，进而要求采用车载诊断OBD系统来监控车辆实际使用过程中的排放状况。

GB 3847—2005要求对柴油车辆实施自由加速烟度法或加载减速工况法进行检测。依据2018年11月7日发布的《柴油车污染物排放限值及测量方法（自由加速法及加载减速法)》(GB 3847—2018)，柴油车加载减速工况法是在两个加载测试点对柴油车排放进行检测。两个测试点为VelMaxHp、80% VelMaxHp（其中，VelMaxHp为最大轮边输出功率对应的轮边转速)，并增加了80% VelMaxHp点测量NO_x的要求。

1.3 机动车污染物排放控制的技术措施

为了从根本上减少气体排放，各国都一直致力于研究和推广新技术，并不断取得进展。目前汽车发动机采用如下控制途径，以尽量减少汽车污染物排放。

汽车采用EFI（电控燃油喷射)、三元催化、EGR（废气再循环)、曲轴箱强制通风系统（PCV)、燃油蒸发控制系统（EVAP)、PM捕集过滤器、VVT（可变气门正时）及汽油缸内直接喷射技术后，排气中的CO、HC和NO_x、碳烟颗粒等都减少了很多。排气后处理装置的强制使用，如汽油车采用的三元催化转化器、柴油机采用的颗粒捕捉器，可将汽车尾气降到最低水平。另外，近年采用代用燃料的液化气、天然气汽车，以及纯电动汽车、蓄电池电动汽车、混合动力电动汽车和燃料电池电动汽车发展势头也很猛。

为了大力度推广新能源汽车在我国的发展，2013年9月17日工业和信息化部在其官方网站发布了《关于继续开展新能源汽车推广应用工作的通知》(以下简称新能源汽车补贴政策)。乘用车以纯电续驶里程为标准，纯电动乘用车达到250 km以上的，每辆车可以实现最高补贴6万元；插电式混合动力乘用车（含增程式）纯电续驶里程大于50 km，每车可实现补贴3.5万元。近几年，我国新能源汽车产业发展迅猛，2018年全国新能源汽车

保有量达 261 万辆，占汽车总量的 1.09%；纯电动汽车保有量 211 万辆，占新能源汽车总量的 80% 以上。

当然，在大力发展减少汽车排放新技术的同时，应注意油品质量对于汽车尾气排放效果的影响也很大。车辆在使用过程中，如果与所用燃料不相配，会造成因油损车的情况。如果使用相应的低品质燃油，排放同样达不到新标准要求。要使汽车达到更严格的尾气排放标准，不仅要求汽车生产厂家提高整车生产技术，还需油品供应商提高相应的燃油质量。为了提高油品质量，按照国家统一要求，2014 年 1 月 1 日起国内全面执行国Ⅳ汽油标准。2017 年 1 月 1 日起全国执行国Ⅴ标准，2019 年 7 月 1 日起北京、天津、河北、广东、陕西等多地已颁布实施国Ⅵ标准。

1.4 机动车污染物排放检验机构

依据《检验检测机构资质认定能力评价　机动车检验机构要求》(RB/T 218—2017)，机动车污染物排放检验机构是指在中华人民共和国境内，根据《中华人民共和国大气污染防治法》的规定，按照环境保护行政主管部门制定的标准和规范，对机动车进行排放检验，并向社会出具公证数据的检验机构。机动车污染物排放检验机构应遵守国家和地方法律、法规，依法取得环境保护行政主管部门的委托，才能开展机动车污染物排放检验工作。

检测线是指由若干检验检测设备组成的检验系统。检验机构视其功能和规模大小，一般包括几条至十几条检测线。根据相关部门的要求，检测线应实现联网检测，成为全自动检测线。

1.4.1 机动车污染物排放检验机构总体布局

检验场所一般由检验厂房、接待区和室外汽车道路组成。

1. 检验厂房

为了保证安全技术检验工作的正常进行，检测车间各工位要有相应的检测面积，厂房要宽敞，保证通风、照明、排水、防雨、防火和安全防护等设施良好。

进行重型车测试的检测线，检验厂房的通过高度应不低于 4.5 m；进行轻型车测试的检测线，检验厂房的通过高度应不低于 3.5 m；进入检验厂房的机动车道宽度不小于 5.0 m。

测试场地应安装有效的通风系统，防止机动车尾气的聚集，同时应配备有效的噪声污染防治措施。工作环境温度应符合相关检测标准和检测设备正常工作的要求。测试场地应设置车辆的限位装置。测试设备和试验车辆的周围应有保证操作安全的防护装置和保证人员正常工作的活动空间。

应设置驾驶操作员与检验系统操作员之间信息交流的通信设施。应在适当位置安装紧急按钮，检验系统操作员可以通过它警示驾驶操作员停止测试，并且关闭测试电源。

2. 接待区

检验场所内客户接待区与测试区应分开设置，并有明显标识。业务大厅应尽量从便民服务方面考虑：各业务窗口应分工明确，设置标牌；业务窗口设计上，应尽量采用开放式窗口，其数量能满足实际办公的需要；大厅内应设公示栏，公示各种手续规定、收费项目及标准、各岗位职责。

3. 室外汽车道路

室外汽车道路为水泥路面，并设置交通标志、标线、引导牌。道路视线良好，保持通畅。检测线出入口两端的道路有一定的坡度，以保证雨水不流入检测线内；但坡度不能过大，便于车辆进出检测线。道路的转弯半径、长度能满足各类车辆出入的需要。

1.4.2　检测设备

检测设备必须符合以下要求。

（1）排气污染物检测设备应符合国家在用机动车排放标准对检测设备的要求。所有检测设备必须经过性能测试合格后，才能正式投入使用。维修后的检测设备应重新经过性能测试合格后，才能正式投入使用。

（2）检测设备必须具备自动打印和保存检验结果的功能。

（3）检测设备应具有高可靠性，一年内故障率应在2%以下（故障率定义为因故障不能正常工作的时间占检验机构日常工作总时间百分比）。

（4）所有检测设备应具有每天至少连续稳定工作10小时的性能。

（5）检测设备的操作控制程序必须具备数据安全保护功能，防止人为改动。检测设备必须设置网络连接密码，每一名持证上岗检验人员确定唯一操作密码，只有在输入正确的操作密码后才能进行检验。对被取消检验资格的检验人员的操作密码要进行锁定，终止其操作权限。

（6）检测设备应按照标准和有关技术规范定期检定，未检定或检定不合格则自动锁定设备，暂停测试直到检定合格。

1.4.3　检验人员

检验机构中与检验相关的人员，包括检验机构负责人、技术负责人、质量负责人、检验人员、质量监督员、仪器设备管理员等，应符合下列基本要求。

（1）技术负责人、质量负责人、检验人员、质量监督员和仪器设备管理员应经过环境保护行政主管部门组织的培训。

（2）从事排放污染物检测的检验人员必须具有相应工作岗位的上岗证。

1.5　机动车污染物排放控制标准

自20世纪80年代以来，国家环境保护总局及国家质量技术监督检验检疫总局一直积极开展机动车污染防治工作，先后颁布和修订了多个排气污染物和噪声排放标准，形成了包括汽车、摩托车、原农用运输车和发动机在内的较为完备的排放标准体系。

2001年国家环境保护总局等四部门联合下发了《关于限期停止生产销售化油器类轿车

及5座客车的通知》(环发〔2001〕97号)，要求2001年5月31日起禁止生产化油器类轿车及5座客车，2001年9月2日在全国范围内禁止销售化油器类轿车及5座客车，公安交通管理部门不予办理注册登记手续。随着排放标准的逐步严格，我国汽车行业终于实现了跨越式发展，2002年7月我国成功淘汰了化油器汽车。2005年7月1日，我国全面实施相当于欧洲Ⅱ标准的国家第二阶段排放标准（国Ⅱ标准)。2008年7月1日，我国全面实施相当于欧洲Ⅲ标准的国家第三阶段排放标准（国Ⅲ标准)。2014年1月1日起国内全面执行国家第四阶段排放标准（国Ⅳ标准）汽油标准。2017年1月1日起国内全面执行国家第五阶段排放标准（国Ⅴ标准 ）汽油标准。2019年7月1日起，全国多数一线城市在售轻型汽车要求需符合国Ⅵ标准。

由于机动车污染物排放控制强调的是全过程控制——从新车定型开始直到机动车的报废，因此我国最初的机动车污染物排放控制标准可分为新车型式和在用车检验两大类。

1.5.1 新车型式检验排放标准

我国于1983年颁布了第一批汽车污染物控制标准，几十年来逐步完善。在全国实现汽油无铅化之后，国家颁布了一系列新车型式排放标准，使机动车污染从源头上得到了控制。

2001年发布的《轻型汽车污染物排放限值及测量方法Ⅰ》(GB 18352.1—2001)，其排放限值和测试水平相当于欧洲20世纪90年代初实施的轻型车欧洲Ⅰ号标准。该标准规定：自2001年10月1日起，所有新生产的3.5 t以下的轻型机动车（包括客车和货车）必须达到标准中所要求的排放限值。

2001年发布的《轻型汽车污染物排放限值及测量方法Ⅱ》(GB 18352.2—2001)，从2004年7月1日起，新车排放污染物控制执行轻型车欧洲Ⅱ号标准。

2001年发布的《车用压燃式发动机排气污染物限值及测量方法》(GB 17691—2001)，对自2001年9月1日起所有新生产的、装用压燃式发动机的、大于3.5 t的重型车辆及车用发动机（包括柴油车和柴油与天然气混烧的客车及货车）的排放污染物进行限制。

2005年4月发布了《轻型汽车污染物排放限值及测量方法（中国Ⅲ、Ⅳ阶段）》(GB 18352.3—2005)、《车用压燃式、气体燃料点燃式发动机与汽车排气污染物排放限值及测量方法（中国Ⅲ、Ⅳ、Ⅴ阶段）》(GB 17691—2005)，国Ⅲ、国Ⅳ、国Ⅴ机动车排放标准，其污染物排放限值相当于欧洲Ⅲ、欧洲Ⅳ、欧洲Ⅴ机动车排放标准（见表1-1和表1-2)。

表1-1 轻型汽车污染物排放限值实施时间表

名称	发布时间	标准号	实施时间	相当于
国Ⅰ标准	2001年	GB 18352.1—2001	2001年10月1日	欧洲Ⅰ标准
国Ⅱ标准		GB 18352.2—2001	2004年7月1日	欧洲Ⅱ标准
国Ⅲ标准	2005年	GB 18352.3—2005	2007年7月1日	欧洲Ⅲ标准
国Ⅳ标准			2007年7月1日	欧洲Ⅳ标准

表 1-2 重型汽车污染物排放限值实施时间表

名 称	发布时间	标 准 号	实施时间	相 当 于
国Ⅰ标准	2001 年	GB 17691—2001	2001 年	欧洲Ⅰ标准
国Ⅱ标准		GB 17691—2001	2004 年	欧洲Ⅱ标准
国Ⅲ标准	2005 年	GB 17691—2005	2008 年	欧洲Ⅲ标准
国Ⅳ标准			2010 年	欧洲Ⅳ标准
国Ⅴ标准			2012 年	欧洲Ⅴ标准

国Ⅲ标准与国Ⅱ标准相比，在技术内容上做了重大调整，要求在三元催化转化器的进出口上都有氧传感器，同时要求车载诊断 OBD 系统具备提示功能，随时提示车主车辆排放是否符合标准，并且进一步降低了污染物排放限值。例如，轻型车国Ⅲ标准污染物排放限值比国Ⅱ标准降低约 50%；对发动机控制精度、净化装置质量、低温排放控制提出了更高要求。

国Ⅳ标准（即国家第四阶段机动车污染物排放标准）是参照欧洲Ⅳ标准的。国Ⅳ标准是通过更好的催化转化器活性层、二次空气喷射及带有冷却装置的排气再循环系统等技术的应用，控制和减少汽车排放污染物到规定数值以下的标准。国Ⅳ标准污染物排放限值比国Ⅱ标准降低 60%。

轻型汽车国Ⅴ标准即《轻型汽车污染物排放限值及测量方法（中国第五阶段）》(GB 18352. 5—2013)，2013 年 9 月 17 日起发布并生效，要求：自发布之日起可依据本标准进行新车型式核准；自 2018 年 1 月 1 日起，所有销售和注册登记的轻型汽车应符合本标准要求。在 2013 年年初，轻型汽车国Ⅴ标准征求意见稿出台后，就根据北京市当时大气污染防治工作的要求，经国务院批准，从 2013 年 2 月 1 日起，北京作为国内首个具备国Ⅴ标准燃油的城市，执行相当于欧洲Ⅴ的“京Ⅴ”机动车排放标准，2013 年 3 月 1 日起停止销售注册不符合京Ⅴ标准的轻型汽油车。

相比国Ⅳ标准，国Ⅴ标准中氮氧化物的排放限值降低了 25%，并首次规定了颗粒物（PM）的排放限值，而且要求在正常维护保养的情况下，汽车要保证行驶 16 万 km 尾气排放不能超标，石化部门也生产出配套供应的国Ⅴ标准汽油。

2016 年 12 月 23 日，环境保护部、国家质量监督检验检疫总局发布《轻型汽车污染物排放限值及测量方法（中国第六阶段）》(GB 18352. 6—2016)，自 2020 年 7 月 1 日起实施。该标准自发布之日起生效，即自发布之日起，可依据该标准进行新车型式检验。自 2020 年 7 月 1 日起，所有销售和注册登记的轻型汽车应符合该标准要求。自 2020 年 7 月 1 日起，该标准替代 GB 18352. 5—2013。但在 2025 年 7 月 1 日前，第五阶段轻型汽车的“在用符合性检查”仍执行 GB 18352. 5—2013 的相关要求。

2018 年 6 月 22 日，生态环境部、国家市场监督管理总局发布《重型柴油车污染物排放限值及测量方法（中国第六阶段）》(GB 17691—2018)，自 2019 年 7 月 1 日起实施。自标准实施之日起，《装用点燃式发动机重型汽车曲轴箱污染物排放限值》（GB 11340—2005）中气体燃料点燃式发动机相关内容及《车用压燃式、气体燃料点燃式发动机与汽车排气污染物排放限值及测量方法（中国Ⅲ、Ⅳ、Ⅴ阶段）》(GB 17691—2005) 废止。

1.5.2 在用车排放标准

20 世纪 80 年代初期，城乡建设环境保护部颁布了我国第一批机动车排放标准和检测方法标准，90 年代国家环保局对机动车排放标准进行了全面的修订和完善，制定了《汽油车怠速污染物排放标准》(GB 14761.5—1993)、《汽油车排气污染物的测量怠速法》(GB/T 3845—1993)、《柴油车自由加速烟度排放标准》(GB 14761.6—1993)、《柴油车自由加速烟度的测量滤纸烟度法》(GB/T 3846—1993) 等 8 项标准。

1999 年，国家环境保护总局制定了车用汽油有害物质控制标准和相当于欧洲 I 号和欧洲Ⅱ号排放法规的国家第一、二阶段轻型汽车和重型车用压燃式发动机排气污染物排放标准，使我国的汽车污染物排放标准的控制水平向前推进了 20 年。2005 年 5 月 30 日国家环境保护总局和国家质量监督检验检疫总局颁布了两个针对在用车的新标准，即《点燃式发动机汽车排气污染物排放限值及测量方法（双怠速法及简易工况法）》(GB 18285—2005) 和《车用压燃式发动机和压燃式发动机汽车排气烟度排放限值及测量方法》(GB 3847—2005)。对在用低速汽车和三轮汽车按《农用运输车自由加速烟度排放限值及测量方法》(GB 18322—2002)，摩托车按《摩托车和轻便摩托车排气污染物限值及测量方法（双怠速法)》(CB 14621—2011) 及《摩托车和轻便摩托车排气烟度排放限值及测量方法》(GB 19758—2005) 执行。

2018 年 11 月 7 日生态环境部和国家市场监督管理总局联合发布了《汽油车污染物排放限值及测量方法（双怠速法及简易工况法)》(GB 18285—2018) 及《柴油车污染物排放限值及测量方法（自由加速法及加载减速法)》(GB 3847—2018)。该两项标准适用于新生产汽车下线检验、注册登记检验和在用汽车检验。

1.5.3 现行有效排放标准

1. 技术方法类标准

《汽油车污染物排放限值及测量方法（双怠速法及简易工况法)》(GB 18285—2018)；

《柴油车污染物排放限值及测量方法（自由加速法及加载减速法)》(GB 3847—2018)；

《摩托车和轻便摩托车排气污染物排放限值及测量方法（双怠速法)》(GB 14621—2011)；

《摩托车污染物排放限值及测量方法（工况法，中国第Ⅲ阶段)》(GB 14622—2007)；

《轻便摩托车污染物排放限值及测量方法（工况法，中国第Ⅲ阶段)》(GB 18176—2007)；

《农用运输车自由加速烟度排放限值及测量方法》(GB 18322—2002)。

2. 设备制造类标准

《汽油车双怠速法排气污染物测量设备技术要求》(HJ/T 289—2006)；

《汽油车稳态工况法排气污染物测量设备技术要求》(HJ/T 291—2006)；

《汽油车简易瞬态工况法排气污染物测量设备技术要求》(HJ/T 290—2006)；

《柴油车加载减速工况法排气烟度测量设备技术要求》(HJ/T 292—2006;)

《点燃式发动机汽车瞬态工况法排气污染物测量设备技术要求》(HJ/T 396—2007)；

《车用压燃式、气体燃料点燃式发动机与汽车车载诊断（OBD）系统技术要求》(HJ 437—2008)；

《轻型汽车车载诊断（OBD）系统管理技术规范》(HJ 500—2009)。

3. 计量检定或校准类标准

《滤纸式烟度计》(JJG 847—2011)；

《透射式烟度计》(JJG 976—2010)；

《汽车排放气体测试仪》(JJG 688—2017)；

《汽车排气污染物检测用底盘测功机校准规范》(JJF 1221—2009)。

1.5.4 术语及定义

1. 排气污染物

排气污染物是指排气管排放的气体污染物，通常指 CO、HC 及 NO_x 等。

2. HC 和 CO 的体积浓度

CO 的体积分数即为 CO 的体积浓度，以%表示；HC 的体积分数即为 HC 的体积浓度，以 10^{-6} 表示。

3. 额定转速

额定转速指发动机额定功率点的曲轴转速，单位为 r/min。

4. 怠速工况与高怠速工况

怠速工况指发动机最低稳定转速工况。即离合器处于接合状态、变速器处于空挡位置（对于自动变速箱应处于“停车”或“P”挡位），油门踏板处于完全松开位置。

高怠速工况指满足上述条件（除最后一项外），用油门踏板将发动机转速稳定控制在标准规定的高怠速转速下。轻型汽车的高怠速转速规定为（2 500±200）r/min，重型车的高怠速转速规定为（1 800±200）r/min。

5. 过量空气系数

过量空气系数（λ）为燃烧 1 kg 燃料实际供给的空气量与理论上所需空气量的质量比。

6. M_1、M_2、M_3、N_1、N_2、N_3 类车辆

M_1类车指包括驾驶员座位在内座位数不超过 9 座的载客汽车。

M_2类车指包括驾驶员座位在内座位数超过 9 座，且最大设计总质量不超过 5 000 kg 的载客汽车。

M_3类车指包括驾驶员座位在内座位数超过 9 座，且最大设计总质量超过 5 000 kg 的载客汽车。

N_1类车指最大设计总质量不超过 3 500 kg 的载货汽车。

N_2 类车指最大设计总质量超过 3 500 kg，但不超过 12 000 kg 的载货车辆。

N_3 类车指最大设计总质量超过 12 000 kg 的载货车辆。

7. 轻型汽车

轻型汽车指最大总质量不超过 3 500 kg 的 M_1 类、M_2 类和 N_1 类车辆。

8. 重型汽车

重型汽车指最大总质量超过 3 500 kg 的汽车。

9. 在用汽车

在用汽车指已经登记注册并取得号牌的汽车。

10. 注册汽车

注册汽车指初次申领号牌的汽车。

11. 汽车排放检验

汽车排放检验指按照法律法规和标准规定对汽车进行的各项排放检验，包括新生产汽车下线检验、注册登记检验、在用汽车检验、监督抽测等。

12. 注册登记检验

注册登记检验指对申请注册登记的汽车进行的检验。

13. 在用汽车检验

在用汽车检验指对已经注册登记的汽车进行的检验，包括在用汽车定期检验、监督性抽检及在用汽车办理变更登记和转移登记前的检验。

14. 监督抽测

监督抽测指在出厂前对新生产汽车的抽检，以及在集中停放地、维修地和道路上对在用汽车进行的抽检。

15. 光吸收系数

光吸收系数表示光束被单位长度的排烟衰减的一个系数，它是单位体积的微粒数、微粒的平均投影面积和微粒的消光系数三者的乘积。

16. 自由加速滤纸式烟度

自由加速滤纸式烟度指在自由加速工况下，从发动机排气管抽取规定长度的排气柱所含的碳烟，使规定面积的清洁滤纸染黑的程度。

17. 自由加速工况

自由加速工况是指在发动机怠速工况下，迅速但不猛烈地踩下油门踏板，使喷油泵供给最大油量；发动机达到最大转速前，保持此位置；一旦达到最大转速，立即松开油门踏板，使发动机恢复至怠速。

18. ASM 工况

ASM 工况指稳态加载工况（acceleration simulation mode），是指车辆预热到规定的热状态后，加速至规定车速，根据车辆规定车速时的加速负荷，通过底盘测功机对车辆加载，使车辆保持等速运转的运行状态。

ASM5025 工况为稳定车速 25 km/h，ASM2540 工况为稳定车速 40 km/h。

19. 简易瞬态工况

简易瞬态工况指简易瞬态加载工况（vehicle mass analysis system，VMAS），是基于轻型车（总质量为 3 500 kg 以下的 M_1类、M_2类和 N_1类车辆）污染物质量排放的测试系统。其运转工况循环包含怠速、加速、匀速和减速各种工况，可检测 CO、HC 和 NO_x三种污染物每公里的排放量。有效行驶时间为 195 s。

20. 基准质量

基准质量（RM）指汽车的整备质量加上 100 kg 。

21. 最大设计总质量

最大设计总质量指汽车生产企业提出的技术上允许的最大质量。

22. 当量惯量

当量惯量指在底盘测功机上用惯量模拟器模拟汽车行驶中的平均惯量和转动惯量所相当的总惯性质量。

23. 气体燃料

气体燃料指液化石油气（LPG）或天燃气（NG）。

24. 两用燃料车

两用燃料车指既能燃用汽油又能燃用一种气体燃料，但不能同时燃用两种燃料的汽车。

25. 单一气体燃料车

单一气体燃料车指只能燃用某一种气体燃料（LPG 或 NG）的汽车，或能燃用某种气体燃料（LPG 或 NG）和汽油，但汽油仅用于紧急情况或发动机起动用，且汽油箱容积不超过 15 L 的汽车。

26. 混合动力电动车辆

混合动力电动汽车（hybrid electric vehicle，HEV）指能够至少从下述两类车载储存能量装置中获得动力的汽车：可消耗的燃料；可再充电能/能量储存装置。

27. 轮边功率

轮边功率指汽车在底盘测功机上运转时驱动轮实际输出功率的测量值。

28. 最大轮边功率

最大轮边功率（MaxHP）指进行 GB 3847—2018 规定的功率扫描过程中得到的实测轮边功率最大值。

29. 发动机最大转速

发动机最大转速（MaxRPM）指在进行 GB 3847—2018 规定的测试中，油门踏板处于全开位置测量得到的发动机最大转速。

30. 实测最大轮边功率时的转鼓线速

实测最大轮边功率时的转鼓线速（VelMaxHP）指在进行 GB 3847—2018 规定的功率扫描试验中，油门踏板处于全开位置时实际测量得到的最大轮边功率点的转鼓线速度。

31. 加载减速工况

加载减速工况指 GB 3847—2018 附录 B 规定的测试工况，即柴油车油门处于全开位置，通过对柴油车驱动轮强制加载迫使柴油车减速运行的工况。

32. 车载诊断 OBD 系统

车载诊断 OBD 系统指安装在汽车和发动机上的计算机信息系统，属于污染控制装置，应具备下列功能：

① 诊断影响排放性能的故障；

② 在故障发生时通过报警系统显示；

③ 通过存储在电控单元存储器中的信息确定可能的故障区域并提供信息离线通信。

33. 环保信息随车清单

环保信息随车清单（vehicle environmental identification document，VEID）指《关于开展机动车和非道路移动机械环保信息公开工作的公告》（国环规大气〔2016〕3 号）规定的机动车环保信息随车清单，包括企业对该车辆满足排放标准和阶段的声明、车辆基本信息、环保检验信息及污染控制信息等内容。

1.5.5 汽油车环保检验项目

依据 GB 18285—2018 规定，汽油车环保检验项目见表 1-3。

表 1-3 汽油车环保检验项目

检验项目	新生产汽车下线	进口车入境	注册登记①	在用汽车①
外观检验（含对污染控制装置的检查和环保信息随车清单核查）	进行	进行	进行	进行②
车载诊断 OBD 系统检查	进行	进行	进行	进行③
排气污染物检测	抽测④	抽测④	进行	进行⑤
燃油蒸发检测	不进行	不进行	按 10.1.2 规定进行	按 10.1.2 规定进行

注：① 符合免检规定的车辆，按照免检相关规定进行。
② 查验污染控制装置是否完好。
③ 适用于装有 OBD 的车辆。
④ 混合动力汽车的污染物排放抽测应在最大燃料消耗模式下进行。
⑤ 变更登记、转移登记检验按有关规定进行。

1.5.6 柴油车环保检验项目

依据 GB 3847—2018 规定，柴油车环保检验项目见表 1-4。

表 1-4 柴油车环保检验项目

检验项目	新生产汽车下线	进口车入境	注册登记①	在用汽车①
外观检验（含对污染控制装置的检查和环保信息随车清单核查）	进行	进行	进行	进行②
车载诊断 OBD 系统检查	进行	进行	进行	进行③
排气污染物检测	抽测④	抽测④	进行	进行⑤

注：① 符合免检规定的车辆，按照免检相关规定进行。
② 查验污染控制装置是否完好。
③ 适用于装有 OBD 的车辆。
④ 混合动力汽车的排气污染物抽测应在最大燃料消耗模式下进行。
⑤ 变更登记、转移登记检验按有关规定进行。

1.6 污染物排放检验（测）报告单

被测车辆排气污染物检测结束后，机构应按照相关技术规范或者标准要求和规定的程序，及时出具检测的数据和结果，并保证数据和结果准确、客观、真实。机动车污染物排放检测采用计算机系统自动打印出检测结果报告单。检测报告单的格式既要满足标准规范的要求，也要满足计量认证的要求。对于不同燃料的汽车，由于其检测方法、检测参数不同，所形成的检验（测）报告单也就不同（见表 1-5～表 1-10）。其中，表 1-5～表 1-8 是 GB 18285—2018 及 GB 3847—2018 规定的检验（测）报告单格式，本书汽油车以 ASM 为例。

表 1–5　汽油车污染物排放注册登记检验（测）报告

报告编号：　　　　　　　　　　　　检验日期：　　　　　　　　　　　　资质认定证书编号：

共 2 页　　第 1 页

一、基本信息					
检验机构名称：					
号牌号码		车辆型号		基准质量/kg	
车辆识别代号（VIN）		最大设计总质量/kg		发动机型号	
发动机号码		发动机排量/L		额定转速/（r/min）	
驱动电机型号		储能装置型号		电池容量	
催化转化器型号		气缸数		座位数/人	
车辆生产企业		车辆出厂日期		累计行驶里程/km	
车主姓名（单位）		联系电话（手机）		车牌颜色	
燃料类型		燃油型式		驱动方式	
品牌/型号		变速器型式		使用性质	
初次登记日期		检测方法		OBD	
环境参数					
环境温度/℃		大气压/kPa		相对湿度/%	
检测设备信息					
分析仪生产企业		分析仪名称		分析仪检定日期	
底盘测功机生产企业		底盘测功机型号			
OBD 诊断仪生产企业		OBD 诊断仪型号			

二、外观检验			
检查项目	是	否	备注
车辆机械状况是否良好			
排气污染控制装置是否齐全、正常			否决项目
车辆是否存在严重烧机油或者严重冒黑烟现象			否决项目
曲轴箱通风系统是否正常			
燃油蒸发控制系统是否正常			否决项目
车上仪表工作是否正常			
有无可能影响安全或引起测试偏差的机械故障			
车辆进、排气系统是否有任何泄漏			
车辆的发动机、变速箱和冷却系统等有无明显的液体渗漏			
是否带 OBD 系统			
轮胎气压是否正常			
轮胎是否干燥、清洁			
是否关闭车上空调、暖风等附属设备			
是否已经中断车辆上可能影响测试正常进行的功能，如 ASR、ESP、EPC 牵引力控制或自动制动系统等			
车辆油箱和油品是否异常			
是否适合工况法检测			
外观检验结果	□合格　　□不合格	检验员：	

报告编号：

三、OBD 检查

ODB 故障指示器	通信	□通信成功　　□通信不成功	
		通信不成功的（填写以下原因）： □接口损坏　　□找不到接口　　□连接后不能通信	
	OBD 系统故障指示器报警及故障码	□有　　□无	

CAL ID/CVN 信息	发动机控制单元	CAL ID		CVN	
	后处理控制单元（如适用）	CAL ID		CVN	
	其他控制单元（如适用）	CAL ID		CVN	
OBD 检查结果	□合格　　□不合格			检验员：	

四、排气污染物检测

检测方法	□双怠速　　□稳态工况法

检验结果内容

排气污染物检测

双怠速					
	过量空气系数λ	低怠速		高怠速	
		CO/%	HC/10^{-6}	CO/%	HC/10^{-6}
实测值					
限值					

高怠速：CO_2　　%　　O_2　　%　　低怠速：CO_2　　%　　O_2　　%

稳态工况法						
	ASM5025			ASM2540		
	HC/10^{-6}	CO/%	NO/10^{-6}	HC/10^{-6}	CO/%	NO/10^{-6}
实测值						
限值						

ASM5025：CO_2　　%　　O_2　　%　　ASM2540：CO_2　　%　　O_2　　%

结果判定	□合格　　□不合格
检验员：	

燃油蒸发测试	进油口测试	□合格　□不合格	油箱盖测试	□合格　　□不合格格
	结果判定	□合格　　□不合格		
	检验员：			

排气污染物检测结果	□合格　　□不合格		
检验结论		总检次数	
授权签字人			
批准人		单位盖章	

备注：
检验（测）依据：GB 18285—2018。
声明：本检验（测）报告仅对本次检验结果有效；“—”表示不适用于送检车；污染物检测结果为负数或者零时，应记录为“未检出”
检验机构地址/线号：　　　　　　　　检验机构电话：

表 1-6　汽油车污染物排放在用车检验（测）报告

报告编号：　　　　　　　　　　　检验日期：　　　　　　　　　　　资质认定证书编号：

共 2 页　　第 1 页

一、基本信息					
检验机构名称：					
号牌号码		车辆型号		基准质量/kg	
车辆识别代号（VIN）		最大设计总质量/kg		发动机型号	
发动机号码		发动机排量/L		额定转速/（r/min）	
驱动电机型号		储能装置型号		电池容量	
催化转化器型号		气缸数		座位数/人	
车辆生产企业		车辆出厂日期		累计行驶里程/km	
车主姓名（单位）		联系电话（手机）		车牌颜色	
燃料类型		燃油型式		驱动方式	
品牌/型号		变速器型式		使用性质	
初次登记日期		检测方法		OBD	
环境参数					
环境温度/℃		大气压/kPa		相对湿度/%	
检测设备信息					
分析仪生产企业		分析仪名称		分析仪检定日期	
底盘测功机生产企业		底盘测功机型号			
OBD 诊断仪生产企业		OBD 诊断仪型号			

二、外观检验			
检查项目	是	否	备注
车辆机械状况是否良好			
排气污染控制装置是否齐全、正常			否决项目
车辆是否存在严重烧机油或者严重冒黑烟现象			否决项目
曲轴箱通风系统是否正常			
燃油蒸发控制系统是否正常			否决项目
车上仪表工作是否正常			
有无可能影响安全或引起测试偏差的机械故障			
车辆进、排气系统是否有任何泄漏			
车辆的发动机、变速箱和冷却系统等有无明显的液体渗漏			
是否带 OBD 系统			
轮胎气压是否正常			
轮胎是否干燥、清洁			
是否关闭车上空调、暖风等附属设备			
是否已经中断车辆上可能影响测试正常进行的功能，如 ASR、ESP、EPC 牵引力控制或自动制动系统等			
车辆油箱和油品是否异常			
是否适合工况法检测			
外观检验结果	□合格　□不合格	检验员：	

报告编号：

共 2 页　　第 2 页

三、OBD 检查		
ODB 故障指示器	OBD 系统故障指示器	□合格　□不合格
	通信	□通信成功　□通信不成功
		通信不成功的（填写以下原因）： □接口损坏　□找不到接口　□连接后不能通信
	OBD 系统故障指示器报警	□有　□无
	故障代码及故障信息（若故障指示器报警）	故障信息按 FB 上报
就绪状态	就绪状态未完成项目	□无　□有
		如有就绪未完成的，填写以下项目 □催化器　□氧传感器　□氧传感器加热器 □废气再循环（EGR）/可变气门 VVT
其他信息	MIL 灯点亮后的行驶里程/km:	

CAL ID/CVN 信息					
CAL ID/CVN 信息	发动机控制单元	CAL ID		CVN	
	后处理控制单元（如适用）	CAL ID		CVN	
	其他控制单元（如适用）	CAL ID		CVN	

OBD 检查结果	□合格　□不合格	检验员：

四、排气污染物检测

检测方法	□双怠速　□稳态工况法

检验结果内容

排气污染物检测	双怠速				
	过量空气系数λ	低怠速		高怠速	
		CO/%	HC/10^{-6}	CO/%	HC/10^{-6}
实测值					
限值					

高怠速：CO_2　%　O_2　%　低怠速：CO_2　%　O_2　%

稳态工况法	ASM5025			ASM2540		
	HC/10^{-6}	CO/%	NO/10^{-6}	HC/10^{-6}	CO/%	NO/10^{-6}
实测值						
限值						

ASM5025：CO_2　%　O_2　%　ASM2540：CO_2　%　O_2　%

结果判定	□合格　□不合格
检验员：	

燃油蒸发测试				
燃油蒸发测试	加油口测试	□合格　□不合格	油箱盖测试	□合格　□不合格
	结果判定	□合格　□不合格		
	检验员：			

排气污染物检测结果	□合格　□不合格		
检验结论		总检次数	
授权签字人			
批准人		单位盖章	

备注：
检验（测）依据：GB 18285—2018。
声明：本检验（测）报告仅对本次检验结果有效；“—”表示不适用于送检车；污染物检测结果为负数或者零时，应记录为“未检出”。
检验机构地址/线号：　　检验机构电话：

表 1–7　柴油车污染物排放在用车检验（测）报告

检验报告编号：　　　　　　　　检验日期：　　　　　　　　资质认定证书编号：
共 2 页　　第 1 页

一、基本信息					
检验机构名称：					
号牌号码		车辆型号		基准质量/kg	
车辆识别代号（VIN）		最大设计总质量/kg		发动机型号	
发动机号码		发动机排量/L		额定转速/(r/min)	
发动机额定功率/kW		DPF		DPF 型号	
SCR		SCR 型号		气缸数	
驱动电机型号		储能装置型号		电池容量	
车辆生产企业		车辆出厂日期		累计行驶里程/km	
车主姓名（单位）		联系电话（手机）		车牌颜色	
燃料类型		燃油型式		驱动方式	
品牌/型号		变速器型式		使用性质	
初次登记日期		检测方法		OBD	
环境参数					
环境温度/℃		大气压/kPa		相对湿度/%	
检测设备信息					
分析仪生产企业		分析仪名称		分析仪检定日期	
底盘测功机生产企业		底盘测功机型号			
OBD 诊断仪生产企业		OBD 诊断仪型号			

二、外观检验			
检查项目	是	否	备注
车辆机械状况是否良好			
排气污染控制装置是否齐全、正常			否决项目
发动机燃油系统采用电控泵			
车上仪表工作是否正常			
车辆是否存在明显烧机油或者严重冒黑烟现象			否决项目
有无可能影响安全或引起测试偏差的机械故障			
车辆进、排气系统是否有任何泄漏			
车辆的发动机、变速箱和冷却系统等有无明显的液体渗漏			
是否带 OBD 系统			
轮胎气压是否正常			
轮胎是否干燥、清洁			
是否关闭车上空调、暖风等附属设备			
是否已经中断车辆上可能影响测试正常进行的功能，如 ASR、ESP、EPC 牵引力控制或自动制动系统等			
车辆油箱和油品是否异常			
是否适合工况法检测			
外观检查结果	□合格	□不合格	检验员：

检验报告编号：

共 2 页　　第 2 页

三、OBD 检查		
OBD 故障指示器	通信	□通信成功　　□通信不成功
		通信不成功的（填写以下原因）：
		□接口损坏　　□找不到接口　　□连接后不能通信
	OBD 系统故障指示器报警及故障码	□有　　□无
	故障代码及故障信息（若故障指示灯报警）	故障信息按附件 EB 上报
就绪状态	就绪状态未完成项目	□无　　□有
		如有就绪未完成的，填写以下项目 □SCR　□POC　□DOC　□DPF □废气再循环（EGR）
其他信息	MIL 灯点亮后的行驶里程/km:	

CAL ID/CVN 信息					
CAL ID/CVN 信息	发动机控制单元	CAL ID		CVN	
	后处理控制单元（如适用）	CAL ID		CVN	
	其他控制单元（如适用）	CAL ID		CVN	
OBD 检查结果	□合格　　□不合格			检验员：	

四、排放污染物检测	
检测方法	□自由加速法　　□加载减速法
检验结果内容	

排气污染物测试

自由加速法						
额定转速/（r/min）	实测转速/（r/min）	三次烟度测量值/m^{-1}			平均值/m^{-1}	限值/m^{-1}
		1	2	3		

加载减速法			
转速		最大轮边功率	
额定转速/（r/min）	实测（修正）VelMaxHP	实测/kW	限值/kW

烟度/m^{-1}			氮氧化物 NO_x /10^{-6}	
	100%点	80%点		80%
实测值			实测值	
限值			限值	

检测结果	□合格　　□不合格	检验员：	
检验结论		总检次数	
授权签字人			
批准人		单位盖章	

备注：
检验（测）依据：GB 3847—2018。
声明：本检验（测）报告仅对本次检验结果有效；“—”表示不适用于送检车；污染物检测结果为负数或者零时，应记录为“未检出”。
检验机构地址/线号：　　　　　　　　　　检验机构电话：

表 1–8　柴油车污染物排放注册登记检验（测）报告

检验报告编号：　　　　　　检验日期：　　　　　　资质认定证书编号：

共 2 页　　第 1 页

一、基本信息					
检验机构名称：					
号牌号码		车辆型号		基准质量/kg	
车辆识别代号（VIN）		最大设计总质量/kg		发动机型号	
发动机号码		发动机排量/L		额定转速/（r/min）	
发动机额定功率/kW		DPF		DPF 型号	
SCR		SCR 型号		气缸数	
驱动电机型号		储能装置型号		电池容量	
车辆生产企业		车辆出厂日期		累计行驶里程/km	
车主姓名（单位）		联系电话（手机）		车牌颜色	
燃料类别		燃油型式		驱动方式	
品牌/型号		变速器型式		使用性质	
初次登记日期		检测方法		OBD	
环境参数					
环境温度/℃		大气压/kPa		相对湿度/%	
检测设备信息					
分析仪生产企业		分析仪名称		分析仪检定日期	
底盘测功机生产企业		底盘测功机型号			
OBD 诊断仪生产企业		OBD 诊断仪型号			
二、外观检验					
检查项目			是	否	备注
车辆机械状况是否良好					
污染控制装置是否齐全、正常					否决项目
发动机燃油系统采用电控泵					否决项目
车上仪表工作是否正常					
有无可能影响安全或引起测试偏差的机械故障					
车辆是否存在明显烧机油或者严重冒黑烟现象					否决项目
车辆进、排气系统是否有任何泄漏					
车辆的发动机、变速箱和冷却系统等有无明显的液体渗漏					
是否带 OBD 系统					
轮胎气压是否正常					
轮胎是否干燥、清洁					
是否关闭车上空调、暖风等附属设备					
是否已经中断车辆上可能影响测试正常进行的功能，如 ASR、ESP、EPC 牵引力控制或自动制动系统等					
车辆油箱和油品是否异常					
是否适合工况法检测					
外观检查结果	□合格　□不合格		检验员：		

检验报告编号：

共 2 页　　第 2 页

三、OBD 检查					
OBD 故障指示器	通信	□通信成功　□通信不成功			
		通信不成功的（填写以下原因）：			
		□接口损坏　□找不到接口　□连接后不能通信			
	OBD 系统故障指示器报警及故障码	□有　□无			
CAL ID/CVN 信息	发动机控制单元	CAL ID		CVN	
	后处理控制单元（如适用）	CAL ID		CVN	
	其他控制单元（如适用）	CAL ID		CVN	
OBD 检查结果	□合格　□不合格			检验员：	

四、排放污染物检测	
检测方法	□自由加速法　□加载减速法
检验结果内容	

排气污染物测试	自由加速法						
	额定转速/（r/min）	实测转速/（r/min）	三次烟度测量值/m^{-1}			平均值/m^{-1}	限值/m^{-1}
			1	2	3		

排气污染物测试	加载减速法			
	转速		最大轮边功率	
	额定转速/（r/min）	实测（修正）VelMaxHP	实测/kW	限值/kW
	烟度/m^{-1}		氮氧化物 NO_x /10^{-6}	
		100%点 / 80%点		80%点
	实测值		实测值	
	限值		限值	

排气污染物检测结果	□合格　□不合格	检验员：	
检验结论		总检次数	
授权签字人			
批准人		单位盖章	

备注：
检验（测）依据：GB 18285—2018。
声明：本检验（测）报告仅对本次检验结果有效；“—”表示不适用于送检车；污染物检测结果为负数或者零时，应记录为“未检出”。
检验机构地址/线号：　　检验机构电话：

表 1-9 低速货车自由加速试验（滤纸式烟度法）检测报告

低速货车自由加速试验（滤纸式烟度法）
检 测 报 告

检测流水号：

检验机构名称：________ 检测日期：________

微机操作员/尾气操作员：________ 引车员：________ 检测线号：________

一、车辆信息

车牌号码：________ 车辆识别代码（VIN）：________

登记日期：________ 品牌型号：________

基准质量：________ 最大总质量：________

发动机型号/排量：________ 燃料类型/牌号：________

进气方式：________ 累计行驶里程：________

供油系统型式：________ 排气后处理装置：________

二、检测设备

设备名称：________ 设备型号：________ 设备厂家：________

三、检测环境

温度（℃）：________ 大气压（kPa）：________ 相对湿度（%）：________

四、检测结果及判定

怠速转速 /（r/min）	测量值（R_b）			平均值（R_b）	限值（R_b）	判定
	1	2	3			
检验结论				批 准 人		
车主及联系方式				单位盖章		

检验依据：GB 18322—2002。

说明：本检测报告单仅对本次检测效果有效。

检验机构地址：________ 检验机构电话：________

表 1-10　摩托车和轻便摩托车双怠速法/怠速法排气污染物检测报告

摩托车和轻便摩托车双怠速法/怠速法排气污染物检测报告

检测流水号：

检验机构名称：________ 检测日期：________

微机操作员/尾气操作员：________ 引车员：________ 检测线号：________

一、车辆信息

车牌号码：________ 车辆识别代码（VIN）：________

出厂日期：________ 品牌型号：________

冲程数：________ 燃料规格：________

二、检测设备

排气分析仪型号：________ 转速计型号：________

三、检测环境

大气压力（kPa）：________ 温度（℃）：________ 相对湿度（%）：________

四、检测结果及判定

内容	高怠速				怠速			
	转速 /（r/min）	CO /%	CO_2 /%	HC /10^{-6}	转速 /（r/min）	CO /%	CO_2 /%	HC /10^{-6}
检测结果								
结果修正	—		—	—	—		—	—
结果修约	—				—			
限值	—		—		—		—	
项目判定								
检验结论			批 准 人					
车主及联系方式			单位盖章					

高怠速：O_2　　%；　　怠速：O_2　　%

检验依据：GB 14621—2011。

说明：1. 标记说明："—"，未涉及；若采用怠速法，高怠速一栏所有项目均为"—"；

2. 本检测报告单仅对本次检测结果有效。

检验机构地址：________ 检验机构电话：________

思考题

1. 简述汽油车废气主要污染物的种类、生成条件及对人体的危害。
2. 机动车污染物排放控制的技术措施主要有哪些？
3. 什么是怠速工况与高怠速工况？
4. 什么是自由加速工况？
5. 什么是加载减速工况？

第 2 章　机动车污染物排放检验设备

学习目标

1. 了解汽油车排气分析仪的结构原理，掌握汽油车排气分析仪的使用、检测方法和校准方法；

2. 了解不透光烟度计和氮氧化物分析仪的结构原理，掌握不透光烟度计及氮氧化物分析仪的使用和检测方法；

3. 了解底盘测功机及气体流量分析仪的结构原理，掌握底盘测功机及气体流量分析仪的使用、检测方法；

4. 了解滤纸式烟度计的结构原理，掌握滤纸式烟度计的使用和检测方法。

由于车辆使用的燃料不同，所产生的排气污染物不同，采用的检测方法就不同，需要的设备也就不同。

对于汽油车排气污染物检测，若采用怠速法或双怠速法时，需配置的设备为汽油车排气分析仪；若采用 ASM 稳态工况法，应配置汽油车排气分析仪和底盘测功机；若采用 VMAS 简易瞬态工况法，则需配置排气分析仪、底盘测功机和气体流量分析仪。对于柴油车排气污染物检测，若采用自由加速工况法时，配置的设备有滤纸式烟度计和不透光烟度计；若采用加载减速工况法（lug down mode），则需配置不透光烟度计、氮氧化物分析仪及底盘测功机。对于低速货车，则需配置滤纸式烟度计。

下面分别介绍用于汽油车和柴油车排气污染物检测的设备。

2.1　汽油车排气分析仪

用于 ASM 稳态工况法的汽油车排气分析仪至少能自动测量机动车排放中的 CO、HC、CO_2、NO 和 O_2的成分，并可根据测量的 CO、HC、CO_2和 O_2的成分计算出过量空气系数 λ。

用于 VMAS 简易瞬态工况法的排气分析仪至少能自动测量机动车排放中的 CO、HC、CO_2、NO_x 和 O_2的成分。

2.1.1　排气分析仪的结构

排气分析仪测试时用探头、导管、泵从排气管采集尾气。排气中的灰尘、杂质和微纤维等用过滤器滤除，水分用水分离器分离出去；最后将气体成分输送到分析部分。

排气分析仪主要由取样探头、取样软管、自闭式三通管、前置过滤器、仪器本体等组成，如图 2-1 所示。

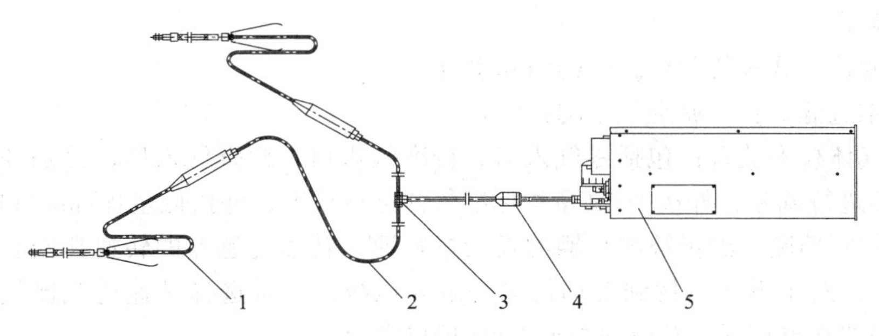

1—取样探头；2—取样软管；3—自闭式三通管；4—前置过滤器；5—仪器本体

图 2-1 排气分析仪结构图

各主要组成部分功能如下。

（1）取样软管：取样软管长度不超过 7 500 mm，应具有一定揉曲性及抗挤压功能。取样软管与取样探头及分析仪取样系统的连接应采用螺纹方式固定。

（2）取样探头：深入机动车辆排气管内收集废气，由铜管制成，长度应能保证插入排气管中至少 400 mm，并有插深定位装置。对于双排气管应采用 Y 型取样探头取样。

（3）前置过滤器：滤去待测样气中的灰尘、杂质、油和水分。前置过滤器的滤芯使用一段时间后会变黑，需要更换新的滤芯。

（4）仪器本体：包括排气分析装置、水过滤器、微纤维过滤器、冷却风扇、校准装置、转速传感器、油温传感器等。其后面板布置如图 2-2 所示。

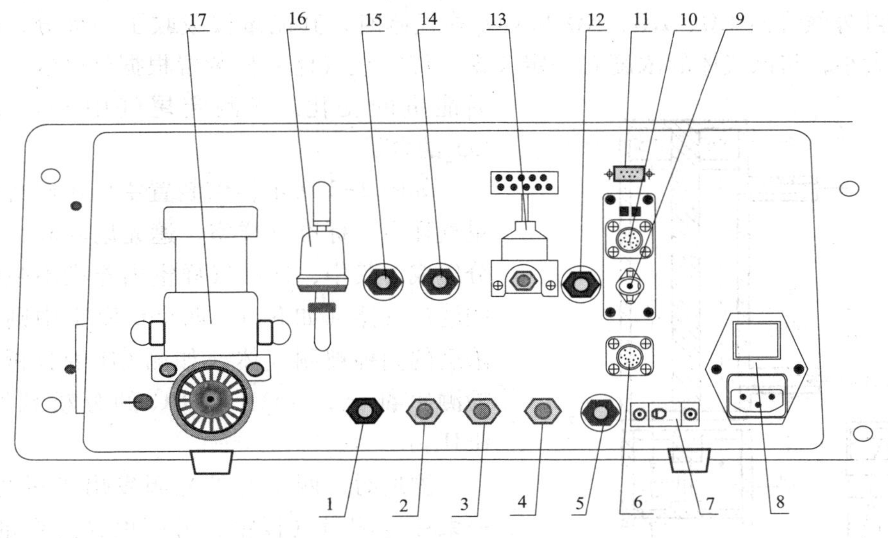

1—反吹压缩空气进口；2—零气入口；3—检查气入口；4—校准气入口；5—排水口；6—信号输出（接冷却器）；7—调试开关；8—电源插座及开关；9—转速信号插座；10—环境温湿度信号插座；11—RS-232 通信口；12—样气入口；13—氧传感器排气口；14—接冷却器出口；15—接冷却器入口；16—微纤维过滤器；17—水过滤器

图 2-2 仪器本体后面板布置图

① 排气分析装置：包括用于对 HC、CO、CO_2 进行分析的红外线分析装置，对 NO 进行分析的红外线分析装置（或紫外线分析装置，或化学发光法分析装置）和用于对 O_2 进行分

析的电化学装置。

② 水过滤器：滤去待测样气中的油和水分。

③ 微纤维过滤器：过滤空气中的粉尘。

④ 标准气体校准装置：包括零气入口、校准气入口、检查气入口，分别外接标准零气或零气发生器进行调零，外接中/高量程标准气体进行校准，外接低量程标准气体进行检查。

⑤ 转速信号插座：测量被测车辆的发动机转速。转速传感器的转速夹安装在发动机第一缸高压线上。对于不方便找到发动机第一缸高压线的，可选择转速适配器代替转速传感器，测量时安装在点烟器、蓄电池上或 OBD 接口即可。

⑥ 环境温湿度信号插座：外接环境温湿度传感器，测试环境温度、湿度。

⑦ 油温传感器：测量润滑油温度。油温传感器探头从机油尺口插入（需取出机油尺）。

2.1.2 排气分析仪的工作原理

汽油车排气污染物中的 HC、CO、CO_2的测量采用不分光红外法（NDIR）；NO_x 测量优先采用红外法（IR）、紫外法（UV）或化学发光法（CLD）；O_2 测量则采用电化学电池分析。

NO_x 是 NO 和 NO_2 的总和，其中 NO_2可以直接测量，也可以通过转化炉转化为 NO 后进行测量。采用转化炉将 NO_2转化为 NO 时，转化效率应不小于 90%，对转化效率应该定期进行检验。

1. 不分光红外法分析装置

不同气体具有吸收不同波长红外线的特性，即不同的气体对应吸收红外线的波长不相同。当红外线穿过 CO、HC、NO 和 CO_2等气体时，其能量被吸收了一部分，而且所吸收能量的大小，与该气体的浓度有一定关系。红外线气体分析装置根据红外线通过尾气前后能量的变化，来测定尾气中 CO、HC、NO、CO_2的含量。

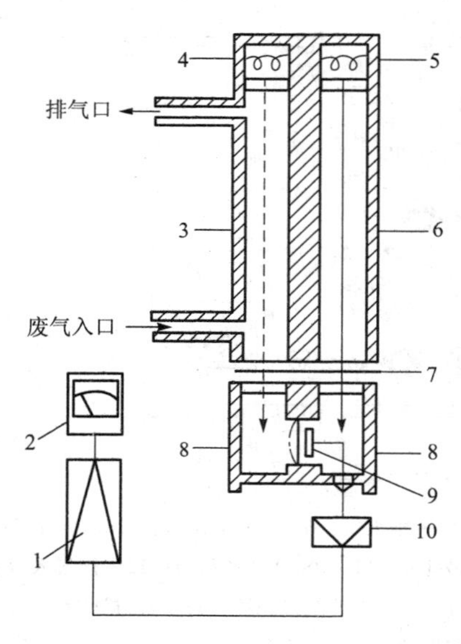

1—主放大器；2—指示仪表；3—测量气样室；4、5—红外光源；6—标准气样室；7—遮光扇轮；8—检测室；9—电容器；10—前置放大器

图 2-3 红外线气体分析装置原理图

如图 2-3 所示，该装置主要由红外光源、测量气样室、标准气样室、遮光扇轮和检测室等部分组成。其中，标准气样室内充满不吸收红外线的清洁气体（如 N_2），两个检测室中则充以一定浓度的同种被测气体（如测 CO 的分析仪，两个检测室都充以 CO；测 HC 的分析仪则都充以 C_6H_{14}）。

测量时，两个红外光源发出等量的红外光，一束穿过测量气样室，另一束穿过标准气样室，最后分别达到两个相同的检测室。由于测量气样室在测量过程中不断地流过来自汽车的废气，所以当红外光穿过废气时，其能量会被吸收一部分，并且吸收的能量与被测废气中 CO 含量有关。而另一束红外光穿过标准气样室时，因 N_2不吸收红外线，所以其能量未受损失。这样，两束红外光

到达检测室时，其能量就有了差异。不同能量的红外光经过两个检测室后，引起不同的热膨胀，结果使分隔两个检测室的膜片发生弯曲变形。

由于电容器的一个电极是与膜片做在一起的，膜片的变形将引起电容变化，在内部电路形成一个小的电信号。放大器将这种小信号放大后送入显示仪表。显然，仪表的指示可以反映被测气体中 CO 的浓度。

遮光扇轮的作用是断续地遮住红外光，从而引起检测室膜片周期性地变形和电容极板的低频振动，目的是提高测量灵敏度。

2. 电化学电池分析装置

氧传感器属于电化学电池式传感器，其工作原理描述如下。

氧传感器是包括一个电解质阳极和一个空气阴极组成的金属-空气有限度渗透型电化学电池，其结构如图 2-4 所示。

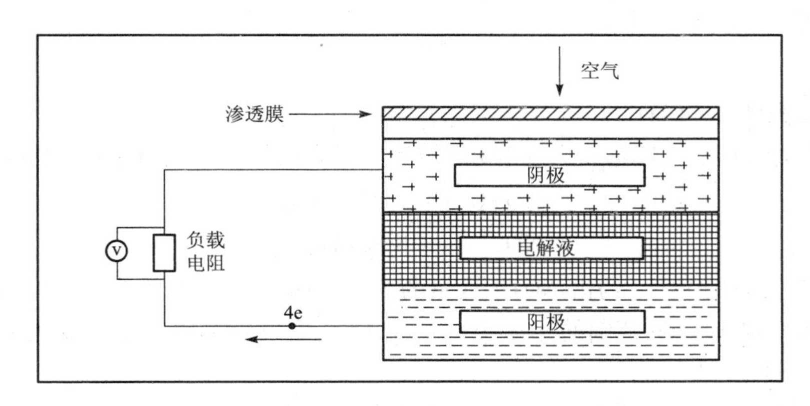

图 2-4　氧传感器结构简图

在阴极，其反应方程式为

$$O_2+2H_2O+4e^-\rightarrow 4OH^- \quad (2-1)$$

首先，氧分子被还原成氢氧离子。

随后，在金属阳极氢氧离子被氧化，方程式为

$$2Pb+4OH^-\rightarrow 2PbO+2H_2O+4e^- \quad (2-2)$$

即电池的反应作用可概括为

$$2Pb+O_2\rightarrow 2PbO \quad (2-3)$$

所以可以说，氧传感器是一个电流发生器，其所产生的电流正比于 O_2 的消耗量。当气体浓度不一样时，在催化剂作用下，氧传感器可以产生不同大小的电信号。

氧传感器的寿命是有限的。在使用一段时间后（通常为 2 年左右，应结合氧传感器的制造质量及使用频率而定），其输出将大幅下降至 0 mV，必须及时更换。而且该寿命从氧传感器启封时开始计算，而不管仪器是否投入使用。氧传感器输出特性见图 2-5。

氧传感器失效可导致的错误包括：调零（手动或自动）后的零错误；氧显示不稳或偏差大；过量空气系数 λ 值错误。

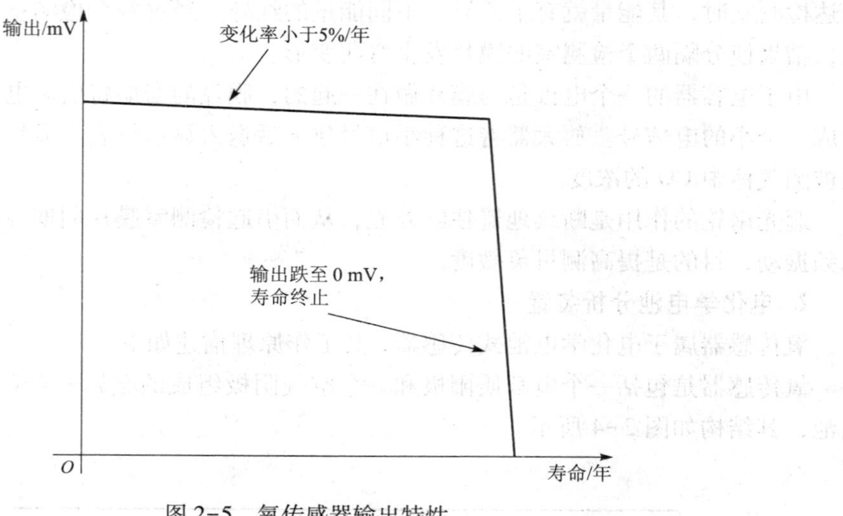

图 2-5　氧传感器输出特性

3. 化学发光法（CLD）

化学发光法的基本原理是让含有 NO 的被测气样和臭氧 O_3 产生下述化学反应：

$$NO+O_3 \longrightarrow NO_2{}^* + O_2$$
$$NO_2{}^* \longrightarrow NO_2 + h\nu$$

$NO_2{}^*$ 是激发态的 NO_2，约占 NO_2 生成量的 8%～10%。这些激发态分子向基态 NO_2 过渡时射出波长 590～2 500 nm 范围的光量子 $h\nu$，在 O_3 稳定过量的情况下，发光强度与进入反应室的 NO 质量成正比。

利用光电倍增管将这个光信号转变为电信号输出，测得 NO 值。

对于排气中的 NO_2 含量可以通过转换器将 NO_2 转换成 NO，见下式：

$$NO_2 + C \longrightarrow NO + CO$$
$$2NO_2 + C \longrightarrow 2NO + CO_2$$

以上述相同的方法一起测量，求得的 NO 和 NO_2 之和即为被测样气中总的氮氧化合物。

4. 仪表显示

仪表显示包括 CO、HC、NO_x（NO、NO_2）、CO_2、O_2 及过量空气系数 λ 的显示，采用液晶显示屏，以数字显示。其中，CO、CO_2、O_2 均以“容积百分数（%）”计，NO、NO_2、HC 以“容积百万分数（10^{-6}）”计。

2.1.3　检测前的准备

1. 被检测汽油车的准备

检测前应使被检测汽油车处于制造厂规定的正常状态，发动机进气系统应装有空气滤清器（前置滤清器），排气系统应装有排气消声器和排气后处理装置，排气系统不允许有泄漏。

2. 仪器的准备

（1）用取样软管把测试探头（带前置滤清器）和水分离器连接起来，并用软管夹箍夹

紧，防止接头部位漏气。

（2）将水分离器连接到仪器的样品气入口，注意使密封垫圈夹紧。

（3）接通仪器电源，预热 30 min，在预热过程中仪器自动调零。

（4）自动调零一般抽取环境空气作为零位校准气体。若仪器自动调零成功，显示屏进入主菜单；若调零失败，仪器继续自动调零，直到调零成功。

若选用零气进行调零，则需在零气入口通入标准零气。

3. 仪器的校准

仪器在使用过程中会产生漂移、传感器老化，因此仪器使用一段时间后应进行校正。GB 18285—2018 规定，仪器应每 24 小时进行一次低浓度标准气体检查。若检查不通过，则应使用高浓度标准气体标定，然后再使用低浓度标准气体检查，直到合格方可进行测量。

由于老化的原因，在开放的空气中，氧传感器使用两年左右就需要更换。

仪器的校准必须在完成预热后，采用标准气体进行。

1）确定校正值

标准气瓶上所标明的 CO 和 CO_2 的气体浓度就是其校正值；但是 HC 气体浓度的校正值应是标准气瓶上所标明的丙烷（C_3H_8）气体浓度与仪器上所标明的换算系数（PEF）相乘后的值；HC 与 NO 的单位必须换算为 10^{-6}。

例如，某气体瓶上高量程标准气体标签显示如下：

$$CO：5.08\%；CO_2：15.8\%；C_3H_8：0.050\%；NO：0.195\%$$

仪器上的换算系数 PEF：0.515。

则各气体校正值如下：

$$CO：5.08\%；CO_2：15.8\%；NO：1950\times10^{-6}$$

$$C_3H_8：0.050\% = 500\times10^{-6}$$

$$HC：500\times10^{-6}\times0.515 = 257.5\times10^{-6}$$

最终取值取整数位，即 HC 的校正值为 258×10^{-6}。

2）选择标准气

调零使用零气（氧含量为 20.8%）。

单点检查使用低浓度标准气体。若检查不通过，则应使用高浓度标准气体标定，然后再使用低浓度标准气体检查，直到合格方可进行测量。

3）校准方法

（1）用零气调零。在“调零”选项，将标准零气通入零气入口。通气状态下输出压力在 0.1 MPa 左右。

（2）用低浓度检查气进行检查。在“通检查气”选项下，将低浓度检查气通入检查气入口。观察屏幕上 CO、CO_2、C_3H_8、HC、NO 示值，等仪器示值稳定后，停止通入检查气。查看示值误差是否符合检查气体标称值允许的示值误差，并作记录。

（3）若检查未通过，用零气调零。在“调零”选项，将标准零气通入零气入口。

（4）用高浓度校准气进行标定。在“通校准气”选项下，将高浓度校准气通入校准气入口。通气状态下输出压力在 0.1 MPa 左右。观察屏幕上 CO、CO_2、C_3H_8、HC、NO 示值，等仪器示值稳定后，停止通入校准气。查看示值误差是否符合检查气体标称值允许的示值误差，并作记录。

（4）用低浓度检查气进行检查。

注意：采用简易瞬态工况法测试，还应有 NO_2。

4. 仪器的使用方法

（1）将仪器接通电源预热规定时间（一般为 30 min）。

（2）将油温传感器接到后板油温信号插座上，拔出机油尺，然后把探针插入被测车辆的机油箱内。

（3）把转速传感器接到转速信号插座上，然后把转速夹夹到被测车辆发动机第一缸高压线上。

（4）将取样探头插入被检测车辆的排气管内约 400 mm 深，然后用夹子将探头稳固。待显示数值趋于稳定时，读取数据。停止测量后仪器开始反吹动作。

5. 保养

（1）前置滤清器、水分离器、微纤维过滤器的滤芯污染严重时应及时更换。

（2）取样探头不得随意扔在地上，以免沙、泥、水等杂物进入仪器内部，造成仪器故障。

2.2 柴油车滤纸式烟度计

依据 GB 18322—2002，低速货车应按要求进行自由加速试验，用滤纸式烟度计测得烟度值。

2.2.1 滤纸式烟度计结构及检测原理

滤纸式烟度计是一种非直接测量设备，它是通过测量介质被所测量烟度所污染的程度大小来间接读出烟度的大小。仪器的取样系统插入排气管中央吸取一定容积的尾气，使其通过一张洁白滤纸，排气中的碳烟积聚在滤纸表面，使滤纸污染。用测量系统测量滤纸的污染度，该污染度即定义为滤纸烟度（FSN）。规定全白滤纸的 FSN 值为 0，全黑滤纸的 FSN 值为 10。图 2-6 为滤纸式烟度计总体结构示意图。

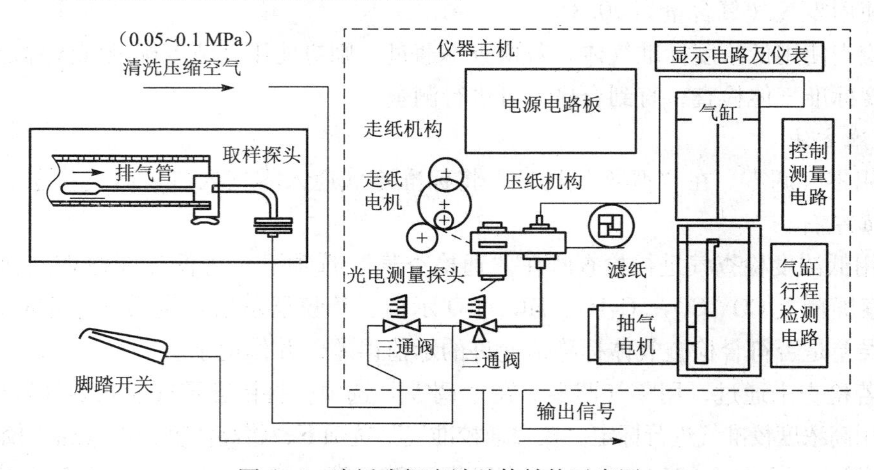

图 2-6　滤纸式烟度计总体结构示意图

滤纸式烟度计主要由取样系统、走纸机构、光电检测系统和控制系统四部分组成。

1. 取样系统

取样系统包括抽气泵、取样探头、取样软管和电磁阀等部分。抽气泵内有橡胶活塞。取样前将活塞压到底，此时活塞被锁紧机构锁紧，这种状态称为“复位”状态。当踩下脚踏开关或按下“手动抽气”按钮（图中未显示）时，活塞在弹簧力的作用下上升到顶端，此时称为“自由”状态。在活塞上升过程中，柴油机的排气经取样软管并经滤纸过滤后被吸入抽气泵内。废气通过滤纸时，滤纸就被碳烟染黑。

2. 走纸机构

走纸机构主要由走纸电机、走纸轮、走纸电磁铁、微动开关等组成。

取样（即抽取废气）时，滤纸被压紧，以便过滤废气。当抽气泵抽取了一定量的被测气体，气体通过一定面积的滤纸后，滤纸被染黑。气泵复位时，滤纸被松开，走纸电机转动，带动从动轮转动，滤纸同时移动。但从动轮只转一圈，微动开关即给走纸电机断电，所以滤纸每次仅走一小段距离。滤纸被废气染黑的部分恰好从夹纸机构处移动到光电检测器下方。

3. 光电检测系统

光电检测系统主要包括光源、晒光电池和指示仪表等。用光照射在被染黑的滤纸上，滤纸能反射的光强度就与滤纸被染黑的程度有关。当然，滤纸越黑，能反射的光就越少。晒光电池是一种光电转换元件，它将接收从滤纸上反射的光，转变为相应的电信号，经过测量电路放大处理，最后通过显示电路在数字仪表上将测量结果显示出来。烟度值与反射光强度的关系式为

$$R_b = 10\times(1-I/I_0) \tag{2-4}$$

式中：R_b——烟度值；

I_0——洁白滤纸的反光强度；

I——染黑后滤纸的反光强度。

4. 控制系统

控制系统主要包括电磁阀、继电器、脚踏开关和控制按钮等，用于控制抽气、清洗、复位等动作。为了操作使用方便，有的烟度计将抽气、清洗和走纸等操作分成自动和手动两种方式。

2.2.2 操作方法及步骤

1. 测量前准备

（1）连接电源线，将取样软管和脚踏开关连线到仪器后面的对应插座上，电源线接 220 V/50 Hz 交流电源，电源板要有可靠接地。

（2）装滤纸。将抽气泵活塞压下，把滤纸依次穿过夹纸机构、光电检测器和走纸轮，然后从出纸口导出。

（3）开启“电源”及“光源”开关，预热 30 min。

（4）把被测柴油车预热到正常使用温度。

2. 仪器校准

打开机箱盖，按“校准”键，打开过滤纸夹紧机构，插入标准烟度卡（最好用中间值的烟度卡 R_b=5.1）后，再按“校准”键，仪器显示测量结果。如显示值和烟度卡示值不同时，按“△”或“▽”键使显示值和烟度卡示值相同，然后再按“校准”键，夹紧机构打开并取出烟度卡，仪器校准完毕。

3. 使用方法

（1）仪器接通电源后应预热 30 min，使仪器处于待测试状态。

（2）测量时应将脚踏开关和油门踏板一并迅速踩到底，保持 4 s 后松开。

（3）测量过程中不允许手动复位，每两次测量之间的时间间隔应大于 15 s。

（4）烟度计滤纸使用完后应及时更换新滤纸。

（5）取样探头不得随意扔到地上，以免沙、泥、水等杂物进入仪器内部，造成仪器故障。

4. 保养

（1）每周用空压机压缩气体清洗取样软管和取样探头。

（2）每周使用标准烟度卡对仪器进行校准。

2.3 不透光烟度计

依据 GB 3847—2018 的要求，目前用于柴油车烟度测量的仪器是不透光烟度计。

不透光烟度计是用来测试排气可见污染物试验所使用的仪器。它通过测量气体的不透光程度来确定排气污染的严重性。其原理是使被测废气在光源和光接收器之间连续通过，利用碳烟对光的吸收作用，使透光率发生变化而测定气体的烟度。

1. 基本结构

不透光烟度计主要由控制单元、测量单元、取样探头及连接电缆等组成，其示意图如图 2-7 所示。

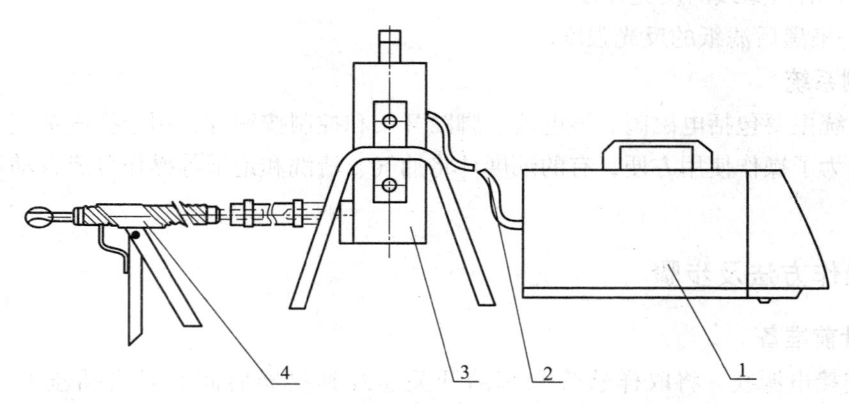

1—控制单元；2—连接电缆；3—测量单元；4—取样探头

图 2-7　不透光烟度计的组成

1）控制单元

控制单元前面板布置如图 2-8 所示，包括 S 键、K 键、液晶显示屏、“上翻”键及“下翻”键。

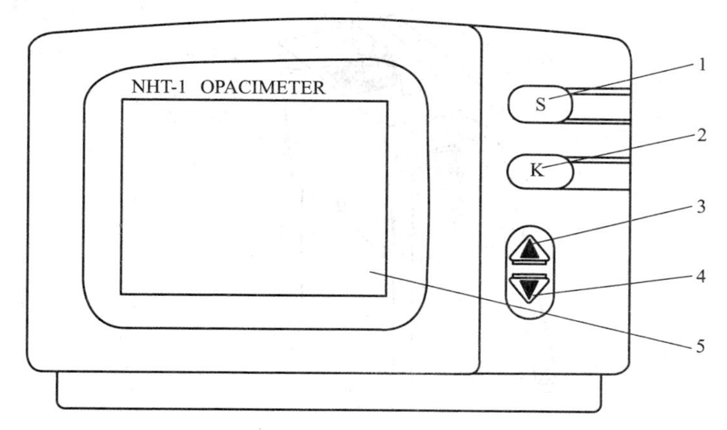

1—S 键；2—K 键；3—“上翻”键；4—“下翻”键；5—液晶显示屏

图 2-8　控制单元前面板布置图

控制单元后面板布置如图 2-9 所示。

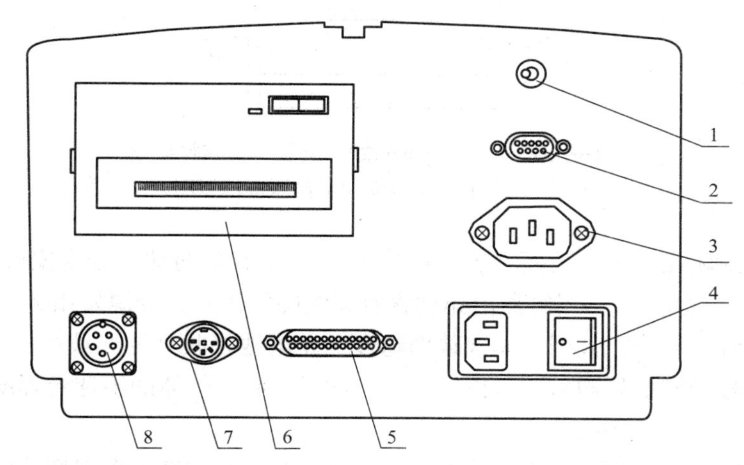

1—“通信/打印”转换开关；2—测量接口；3—220 V 输出插座；4—电源插座及开关；5—通信接口；6—微型打印机；7—油温传感器接口；8—转速传感器接口

图 2-9　控制单元后面板布置图

2）测量单元

测量单元（顶面和侧面）的布置如图 2-10 所示。

测量单元主要部分及其功用如下。

（1）风扇：清洁空气由此进入。

（2）排烟入口：与取样探头的导管相连，被测车辆的排烟由此进入测量单元。

（3）电源输入插座：用于连接电源电缆，接收控制单元输出的交流电。

（4）测量信号接口插座：用于连接信号电缆，向控制单元输出检测数据信号。

2. 工作原理

不透光烟度计是一种直接测量的计量仪器，其工作原理如图 2-11 所示。

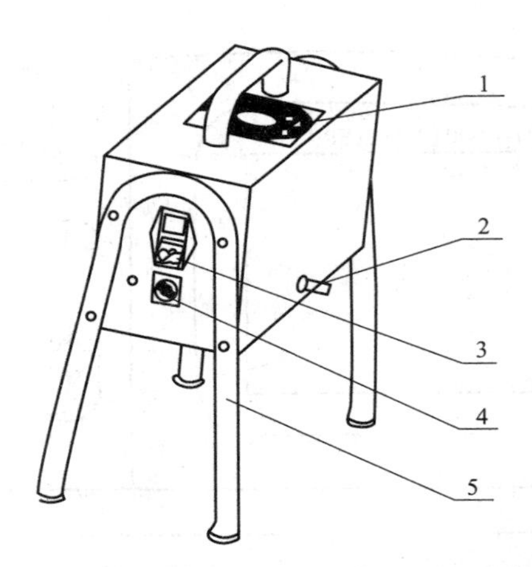

1—风扇；2—排烟入口；3—电源输入插座；4—测量信号接口插座；5—支架

图 2-10　测量单元（顶部和侧面）布置图

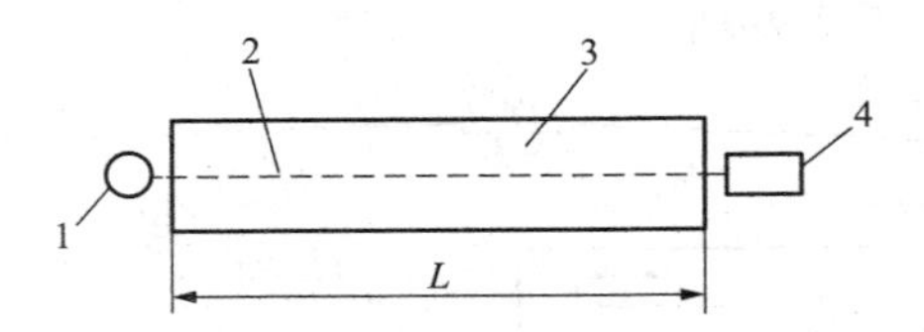

1—光源；2—光线；3—被测气体；4—光接收器

图 2-11　不透光烟度计工作原理示意图

将被测气体封闭在一个内表面不反光的容器内。在容器两端，分别安装光发射器（光源）和光接收器（光电池）。当容器内充满含有碳烟的气体时，光源发出的光线到达光接收器前，将会被吸收一部分。被测气体含碳烟越多，光电池接收到的光线的光强度将会越弱。将光电池的光信号经转换处理后送入指示仪表，就可以测试气体的不透光程度或对光的吸收程度。

气体对光的吸收能力用光吸收系数表示。显然，柴油车排气中含碳烟越多，光通过后被吸收的也越多。其量程为（0 ～ 16）m^{-1}。

3. 不透光烟度计的使用

（1）仪器接通电源预热 30 min，然后按“上翻”键，仪器提示“请将探头放于清洁处，准备校准”，操作员按“K 键”确认，仪器进行自校准。

（2）校准完成后将探头插入排气管中，机动车保持怠速状态。

（3）怠速状态检测完成后，在正式测量前，应采用三次自由加速过程吹拂排气系统，以清扫排气系统中的残留污染物。

（4）仪器提示“请加速”，必须在 1 s 的时间内将车辆油门踏板连续完全踩到底，使供油系统在最短时间内达到最大供油量。当仪器出现“请减至怠速，并保持”的提示后，立即松开油门踏板，使发动机恢复到怠速状态。在松开油门踏板前，发动机应达到额定转速。

（5）检测过程中应重复进行三次自由加速过程，不透光烟度计应记录每次自由加速过程最大值。将上述三次最大值的算术平均值作为测量结果。

2.4 氮氧化物分析仪

氮氧化物分析仪可测量机动车排放废气中的氮氧化合物 NO_x（NO 与 NO_2）、CO_2 的成分。NO、NO_2、CO_2 可采用不分光红外吸收法或紫外法，其中 NO_2 也可以通过转化炉转化为 NO 后进行测量。有些厂家将不透光度计及氮氧化物分析仪的分析、显示装置作为一体。

1. 仪器组成

氮氧化物分析仪主要由主机、预处理、烟度测量单元及机柜组成。下面，介绍前三者。

1）主机

主机由光学平台、过滤器、气泵、电磁阀、控制系统、液晶显示屏与按键等组成，主要完成 NO_x 浓度、环境温湿度、环境压力、转速与油温等多项参数的测量。

主机后面板如图 2-12 所示。

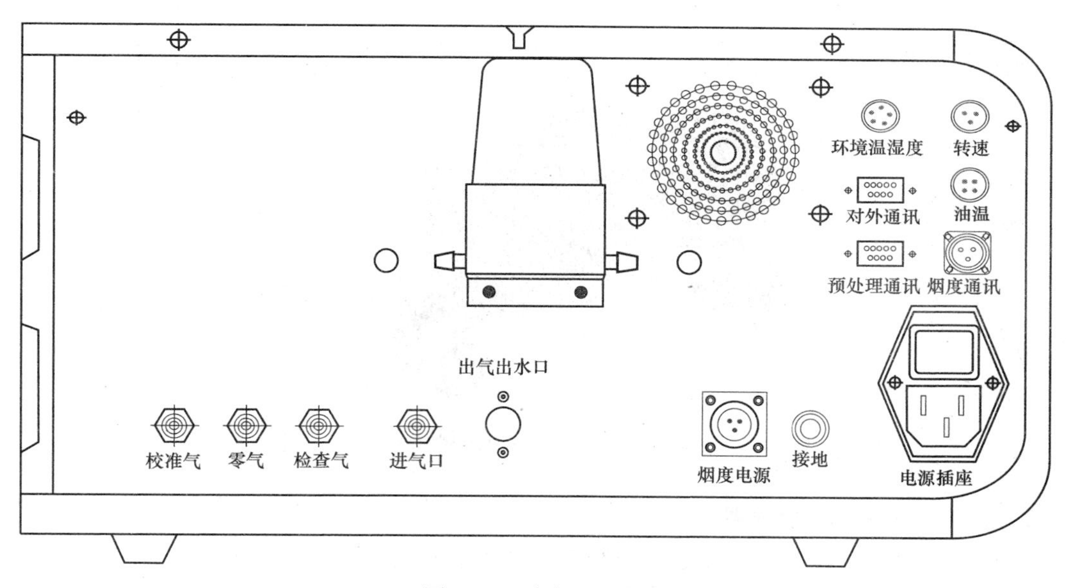

图 2-12　主机后面板

2）预处理

预处理由过滤器、气泵、电磁阀、转换模块与控制系统等组成。其中，过滤器作用为过滤排放污染物中的颗粒物和油污，使进入主机的样气清洁、干燥，保证光学平台的长时间正常可靠工作。

预处理后面板如图 2-13 所示。

3）烟度测量单元

烟度测量单元主要是对机动车排放的烟气进行连续测量，动态反映排气污染物的变化，并且把测量结果传给显示部分进行显示。氮氧化物分析仪可与不透光烟度计共用烟度测量单元。

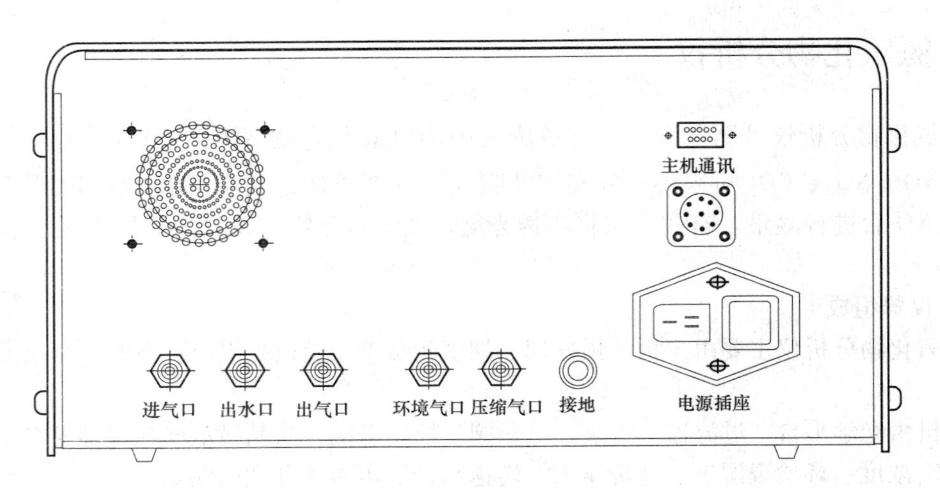

图 2-13　预处理后面板

烟度测量单元如图 2-14 所示。

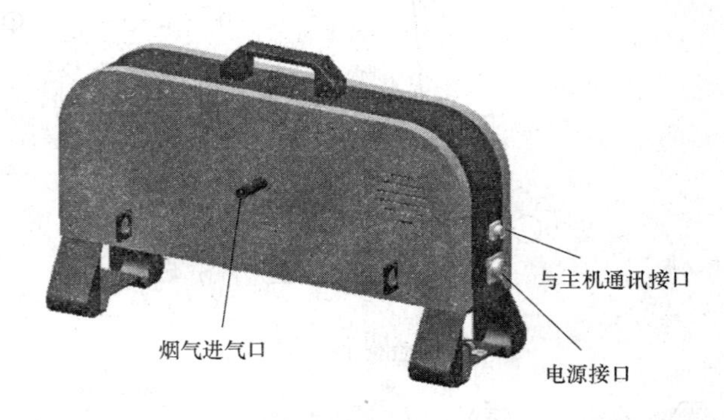

图 2-14　烟度测量单元

2. 氮氧化物分析仪的准备

（1）确认前置过滤器干燥，水过滤器里已装入洁净的滤芯。

（2）仪器预热完成后，进行泄漏检查。

（3）自动调零。选择零点标准气体，其气体成分规定如下：$O_2=20.8\%$；$NO<1\times10^{-6}$；$NO_2<1\times10^{-6}$；$CO_2<2\times10^{-6}$。

（4）仪器检查。GB 3847—2018 规定，仪器应每 24 小时进行一次低浓度标准气体检查。若检查不通过，则应使用高浓度标准气体标定，然后再使用低浓度标准气体检查，直到合格方可进行测量。

3. 氮氧化物分析仪的使用

进入“测量”后，仪器的气泵将启动。这时应把取样探头插入被测车辆的排气管中，插入深度为 400 mm。显示屏将实时显示出排气中 NO、NO_2 与 NO_x 的实时值和 CO_2、转速等的值。对于单排气管的汽车进行测量时，只需使用一个测量探头，另一个探头可不安装；对于双排气管的汽车进行测量时，应用自闭式三通管连接两个探头的引出管和取样软管，并把

两个探头分别插入两个排气管里。

2.5 汽车排气污染物检测用底盘测功机

汽车排气污染物检测用底盘测功机主要由滚筒、功率吸收装置、惯性模拟装置等组成，用来承载测试车辆，模拟车辆行驶的道路阻力。

依据 GB 18285—2018 及 GB 3847—2018 规定，在加载测量车辆排放性能时需用到底盘测功机。GB 18285—2018 中规定稳态工况法适用于轻型汽油车和重型汽油车，简易瞬态工况法仅用于测量总质量为 3 500 kg 以下的 M、N 类车辆。GB 3847—2018 中规定加载减速法适用于轻型柴油车和重型柴油车。

依据底盘测功机的功能及被检车辆的检测类型，通常将底盘测功机分为轻型底盘测功机和重型底盘测功机。

用于轻型汽油车的底盘测功机应能测试最大轴重不超过 2 750 kg 的车辆，最大测试车速不低于 60 km/h；用于重型汽油车的底盘测功机应能测试最大轴重不超过 8 000 kg 的车辆，最大测试车速不低于 60 km/h。

用于轻型柴油车的底盘测功机应能测试最大轴重不超过 2 000 kg 的车辆；用于重型柴油车的底盘测功机应能测试最大轴重不超过 8 000 kg 的车辆或最大总质量不超过 14 000 kg 的车辆。对于三轴六滚筒的底盘测功机应能测试最大双轴轴荷为 22 000 kg 的车辆。

2.5.1 轻型底盘测功机

轻型底盘测功机的结构如图 2-15 所示。它主要由滚筒及机械部件、功率吸收装置（即测功装置）、测量控制系统和附属设备等几部分组成。

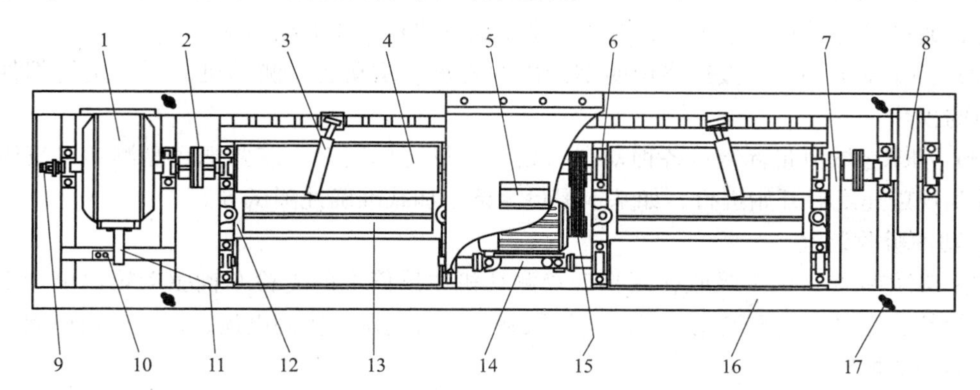

1—功率吸收装置（电涡流测功机）；2—连轴器；3—手动挡轮；4—滚筒；5—产品铭牌及中间盖板；6—滚筒轴承；7—同步带及同步轮；8—飞轮；9—速度传感器；10—扭力传感器；11—力臂；12—轮胎挡轮；13—气囊举升器；14—万向连轴器；15—反拖电机及传动带；16—框架；17—起重吊环

图 2-15　轻型底盘测功机结构

1. 滚筒直径要求

按 HJ/T 290—2006、HJ/T 291—2006 要求，底盘测功机滚筒直径要求为 200 ～ 530 mm，而轻型汽油车工况法的功率加载模型是按 218 mm 直径为例给出的；HJ/T 292—2006 对轻型柴油车的加载减速工况法测量用底盘测功机，其滚筒直径要求为（216+2）mm。因此，为兼顾轻型汽油车及柴油车工况法检测需要，一般滚筒直径都选为 216 ～ 218 mm。

2. 滚筒中心距要求

滚筒中心距计算公式为

$$A=(620+D)\times\sin 31.5^\circ \quad （误差-6.4 \sim 12.7\ \text{mm}） \tag{2-5}$$

式中：A——滚筒中心距；

D——滚筒直径。

3. 前、后滚筒同步性要求

前、后滚筒要求转速比为 1∶1，一般均采用左、右滚筒用联轴器直接相连，前、后滚筒用同步带相连，以保证各滚筒同步性。

4. 基本惯量

底盘测功机的基本惯量是底盘测功机所有旋转部件所产生的当量惯量。当量惯量是惯量模拟装置模拟汽车行驶中的平动和转动动能时所相当的汽车质量。

ASM 用轻型底盘测功机的基本惯量（名牌标称值）要求为：（900±18）kg；VMAS 用轻型底盘测功机的基本惯量（名牌标称值）要求至少为 800 kg。

5. 驱动电机及变频器

驱动电机是用于驱动滚筒转动的。在功率吸收装置未加载时，底盘测功机的驱动电机至少应具有把滚筒线速度提高到 96 km/h 以上的能力，并可在该速度下维持 3 s。底盘测功机是通过变频调速控制器实现旋转速度控制。一般情况下，驱动电机采用 7.5 kW 左右的三相电机，用传动带与主滚筒相连。

驱动电机一般在底盘测功机空载时使用，它的作用主要有以下三个方面。

（1）内部损耗功率测量（或称寄生功率）：电机驱动底盘测功机滚筒到要求的速度后开始滑行，通过滑行时间计算测功机内部各速度点下的阻力及消耗功率。

（2）测试前的预热：按厂商说明书给出的要求，驱动底盘测功机的所有旋转部件进行测试前的预热。

（3）动态参数测量标定：各种动态参数在测量与标定时，需要把底盘测功机滚筒线速度提升到规定速度后开始进行，如基本惯量测试、加载准确性测试等。

6. 功率吸收装置

功率吸收装置是用于吸收作用在底盘测功机主滚筒上的受检车辆驱动轮输出功率的器件，一般都装配风冷式电涡流机，由电气控制系统自动调节控制电流，以实现对电涡流机吸收扭矩的调节控制。

电涡流测功机工作原理见图 2-16。它主要有定子和转子两大部分。定子是一个钢制机壳，在圆周方向上安装若干个带铁芯的励磁线圈。转子是一个很厚实的钢制圆盘，固定在转轴上，可随转轴一起转动。定子和转子之间、转子和线圈铁芯之间都只有很小的间隙。若在线圈中通入直流电，就会产生较强的磁场。磁感线将经过铁心、转子及定子外壳的一部分形成闭合回路，如图 2-16 中虚线所示，转子转动将切割磁感线而感应很强的涡流。涡流与励磁线圈的磁场间相互作用，将使转子的转动受到一定的阻力或制动转矩。汽车驱动轮要带动电涡流测功机的转子转动，就必然要克服这种涡流阻力而消耗能量。调节励磁线圈的电

流，就能改变磁场和涡流的强度，也就可改变驱动轮的负载。

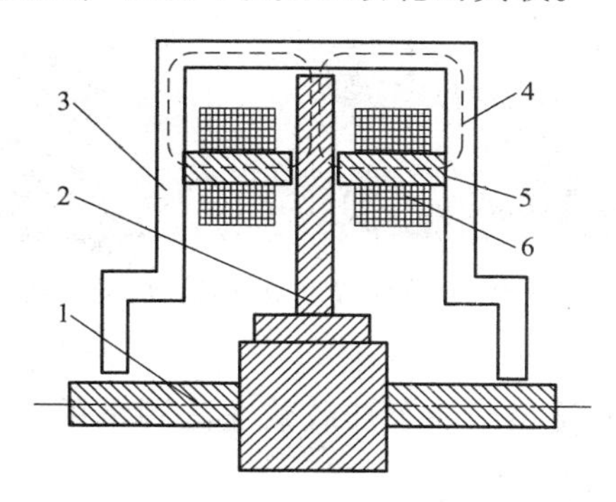

1—转轴；2—转子；3—定子；4—磁感线；5—铁芯；6—线圈

图 2-15　电涡流测功机工作原理示意图

稳态工况法测量用轻型底盘测功机，其功率吸收装置的吸收功率范围应能够在车速为（25. 0±2. 0）km/h 时，稳定吸收至少（18±1. 0）kW 的功率持续 5 min 以上，并能够连续进行至少 10 次试验，两次试验的时间间隔为 3 min。

简易瞬态工况法测量用轻型底盘测功机，其功率吸收装置的吸收功率应以 0. 1 kW 为单位可调，在−5～45 ℃环境范围内，底盘测功机预热后吸收功率精度应为 ±0. 2 kW 或吸收功率的±2%。

加载减速工况法测量用轻型底盘测功机，在 30 ～ 100 km/h 的测试车速下，其功率吸收装置的吸收功率应以 0. 1 kW 为单位可调，动态功率吸收精度应为±0. 2 kW 或吸收功率的±2%。其功率吸收单元应能够在（70±1） km/h 车速下，稳定吸收至少 56 kW 的功率持续 3 min 以上，并能够连续进行至少 5 次试验，两次试验的时间间隔为 10 min。

7. 举升装置

在车辆检验时下降、车辆进出时升起，便于车辆出入检测台。

8. 轮胎挡轮

用于前驱车辆检测时，防止前轮左右偏摆。

9. 传感器

测速传感器，与主滚筒相连，输出脉冲信号经电气测量系统处理，用于测量底盘测功机滚筒表面线速度，并可以测试距离。

测力传感器，与电涡流测功机外壳上安装的测力臂相连，用于测量滚筒表面传递的力信号，经信号放大后输入到电气测量系统。

10. 承载质量

用于轻型车检测的底盘测功机应能测试最大单轴轴荷为 2 750 kg（汽油）或 2 000 kg（柴油）的车辆。

2. 5. 2　重型底盘测功机

重型底盘测功机包括用于测量单桥驱动的 4 滚筒式测功机及用于测量后双桥驱动车辆的 6 滚筒式测功机。其台架结构与轻型底盘测功机的结构基本相同，只是多了一组滚筒，如

图 2-17 所示。

图 2-17 6 滚筒式重型底盘测功机台架

1. 滚筒直径要求

依据 HJ/T 292—2006，对重型柴油车加载减速法测量用底盘测功机，滚筒直径要求为 373 ～ 530 mm，其误差不超过±2 mm。

2. 滚筒中心距要求

第 1 轴与第 2 轴滚筒的中心距应满足式（2-6）的要求。

$$A=(1\,000+D)\times\sin 31.5° \quad （误差为-13.0 \sim +13.0\ mm） \tag{2-6}$$

式中：A——滚筒中心距，mm；

D——滚筒直径，mm。

第 1、2 轴滚筒中心与第 3 轴滚筒的中心距应为 1 346 mm，误差为-13～+13 mm，如图 2-18 所示。

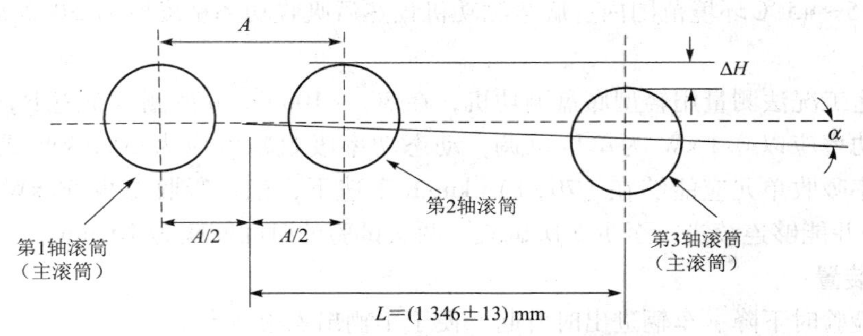

图 2-18 6 滚筒式重型底盘测功机滚筒中心距

3. 滚筒同步性要求

前、中、后滚筒要求转速比为 1∶1，一般均采用左、右滚筒用联轴器直接相连，前、后滚筒用同步带相连，前、中滚筒用同步带相连，以保证各滚筒的同步性。

4. 滚筒高度差

在底盘测功机台体处于水平时，按《底盘测功机》(JT/T 445—2008）要求，单个滚筒两端点的上母线高度差应不大于 1 mm，滚筒间高度差应不大于 2 mm（第 1、2 轴的 4 个滚筒间及第 3 轴的 2 个滚筒间）。

第 1、2 轴滚筒与第 3 轴滚筒高度差应符合 HJ/T 292—2006 的相关要求，如图 2-18 所示，即：第 1 轴滚筒与第 2 轴滚筒等高，第 3 轴滚筒应低于第 1、2 轴滚筒，第 1、2 轴滚筒轴心连线的中点与第 3 轴滚筒轴心连线间的夹角 α 应满足式（2-7）的要求。

$$\alpha=\arctan[(1\,000+D)(1-\cos 31.5°)/(2\times L)] \tag{2-7}$$

第 1、2 轴滚筒与第 3 轴滚筒上母线高度差 ΔH 可按式（2-8）计算。

$$\Delta H=(1\,000+D)(1-\cos 31.5°)/2 \tag{2-8}$$

5. 基本惯量

重型底盘测功机的基本惯量（名牌标称值）要求为：（1 452.8±18.1）kg。

6. 承载质量

用于重型车检测的底盘测功机应能测试最大单轴轴荷为8 000 kg的车辆或最大总质量为14 000 kg的车辆。对于6滚筒式底盘测功机应能测试最大双轴轴荷为22 000 kg的车辆。

7. 功率吸收装置

加载减速工况法测量用重型底盘测功机的功率吸收装置应能够在车速（70±1）km/h下，稳定吸收至少120 kW的功率持续3 min以上，并能够连续进行至少5次试验，两次试验时间间隔为15 min。

2.5.3 底盘测功机测试原理

底盘测功机是用于模拟加载的试验设备。用底盘测功机模拟汽车在实际行驶时的不同负载及各种运动阻力，来实现对不同尾气排放检测工况的模拟。检测时，被测汽车的驱动轮先停在举升器上，举升器下降后车轮停在滚筒之间。驱动轮带动滚筒转动，滚筒相当于活动路面，使汽车产生相对行驶。利用功率吸收装置（电涡流测功机）来模拟各工况需加载的不同负载。检测过程中，驱动轮的转速由安装在滚筒轴上的测速传感器测量；驱动轮的输出力矩（或功率）由安装在功率吸收装置定子上的测力传感器测量。控制系统按照检测方法的要求，根据测力传感器和测速传感器反馈的信息，调整功率吸收装置以控制电流的大小，进而来调节和控制所模拟的不同负载。与此同时，由气体分析仪对不同工况下的尾气排放进行记录，由主控计算机进行数据处理、结果判定，以实现机动车排放检测的目的。

1. 速度测量

速度测量的方法很多，常用的有霍尔元件式、光电编码式等。滚筒轴上的速度传感器将滚筒的转速变换成相应频率的脉冲，根据输出脉冲频率来计算汽车的速度。不论哪种方法，都是先测试滚筒的转速，再换算成汽车行驶的车速。换算公式如式（2-9）所示。

$$V=0.377nr \tag{2-9}$$

式中：V——车速，km/h；

n——主滚筒转速，r/min；

r——滚筒半径，m。

2. 驱动力测量

当汽车车轮驱动滚筒转动时，带动电涡流测功机转子（感应子）转动，感应子被拖动旋转时出现涡流。该涡流与它产生的磁场相作用，从而产生反向制动力矩。该力矩作用在测力传感器上，使之受拉产生电信号。该信号的大小与车轮驱动力成正比，经处理后可显示出汽车车轮驱动力。控制定子励磁电流大小，可改变电涡流测功机吸收功率和制动力矩的大小，以实现汽车不同工况下的测量。

3. 功率测量

在平坦路面上行驶的汽车，发动机输出的有效功率在克服了汽车底盘传动系统阻力后输出到驱动轮，驱动轮输出功率用以克服车辆在路面行驶时的车轮滚动阻力、惯性阻力和迎风阻力；测功机利用滚筒代替路面，驱动轮上的相应负载用电涡流测功机来模拟，惯性阻力用飞轮进行模拟。汽车的车速 V、驱动力 F 与驱动轮输出功率 P 的关系可用式（2-10）表示。

$$P=F\times\frac{V}{3\ 600} \tag{2-10}$$

式中：F——驱动轮的驱动力，N；

V——试验车速，km/h；

P——驱动轮输出功率，kW。

从式（2-10）可见，只要同时测出 F 和 V，即可计算出功率 P。

汽油车简易工况法检测方法见第 3 章，柴油车加载减速工况法检测方法见第 4 章。

2.6 气体流量分析仪

气体流量分析仪用于简易瞬态加载工况法检测，它可以即时地测量排放气体的流量。首先，气体流量分析仪将测量稀释后气体的氧含量与原排放气体中的氧含量比较，求出质量稀释的比例；然后，通过稀释比和气体流量分析仪测得的流量，计算出每秒的排放体积；最后，根据排放体积和排气分析仪测量出来的排放浓度来计算机动车每秒排放出来的污染物质量。

2.6.1 气体流量分析仪简介

1. 组成

如图 2-19 所示，气体流量分析仪的组成部件主要包括微处理器（图中未显示）、涡漩流量传感器（包括扰流杆和超声波传感器）、温度传感器、氧传感器、压力传感器、抽气机等。

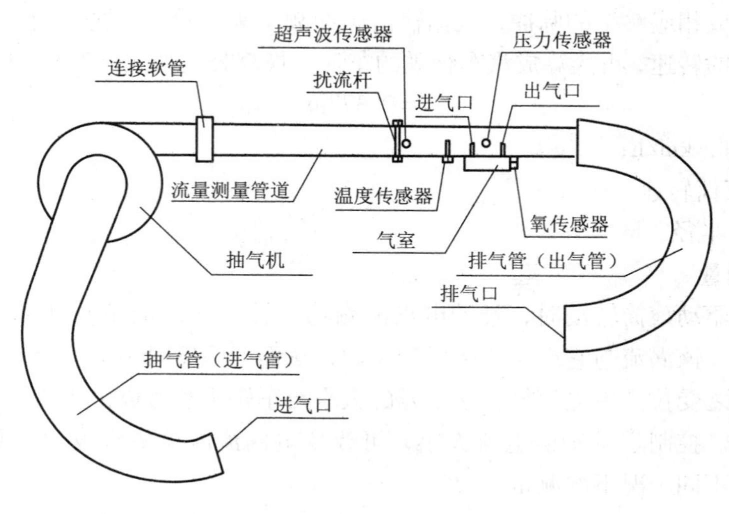

图 2-19 气体流量分析仪示意图

其主要组成部分的作用如下。

（1）微处理器：用来控制气体流量分析的系统，分析计算从气体分析仪、气体流量分

析仪、涡漩流量传感器和氧传感器每秒中传来的数据，并在测试结束后将结果存储到缓冲区中。它还包括气体流量分析仪元件所有校正信息。

（2）涡旋流量传感器：用来测量稀释气体流量的元件，包括扰流杆和超声波传感器。其中，扰流杆是测量和产生涡旋的重要零件，它使气体流经气室的交叉部件时形成涡旋。这些涡旋的线速度与气体流量成一定比例。流量信号就是依靠超声波传感器获得的。

（3）温度传感器：用来测量汽车排出的全部尾气（除去进入汽车排气分析仪的气体）和空气混合气温度的传感器。

（4）氧传感器：用来测量在测试过程中稀释气体的氧气浓度改变的传感装置。它也可以测量测试开始时环境空气的氧气浓度。通过与排气分析仪氧气浓度比较，还可以用来计算稀释比率。

（5）压力传感器：测量涡旋刚从扰流杆流出后波幅和波幅变化的频率，确定涡旋的流出速率。

2. 测量原理

气体流量分析仪测量原理如图 2-20 所示。当气体通过涡旋发生柱时，在其后面会形成涡旋（又称卡门涡流）。这些涡旋的频率与气体流量成比例。超声波从传送端发射到接收端过程中，由于受到卡门涡流造成的空气密度变化的影响，超声波频率的相位也随之发生变化，形成疏密波。接收器检测出这种疏密波信号，通过整形使之形成矩形波，此矩形波的脉冲频率即为卡门涡流的频率，与空气流速成比例。计算机根据接收器接收到的脉冲信号频率，即单位时间内产生的涡流数，计算出空气流速和体积流量。

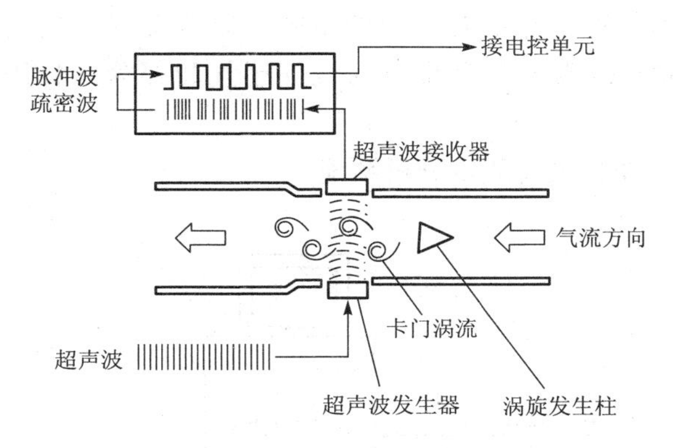

图 2-20　气体流量分析仪测量原理图

实际流量是由涡旋流量传感器直接测量的流量，没有校正温度和压力。标准流量是实际流量经过温度和压力修正的流量值。

在数据采集过程中，系统将实时测量的排放气体浓度和流量值送给微处理器，并由微处理器按照有关公式计算出每秒的污染物排放质量值。

2.6.2　排放气体流量

气体流量分析仪应对原排放气体进行稀释后再进行分析，标准状态下的排放气体流量计算公式为式（2-11）。

$$排放气体流量=稀释排放气体流量×稀释比 \tag{2-11}$$

$$稀释比=(环境O_2浓度-稀释O_2浓度)/(环境O_2浓度-原始O_2浓度)$$

其中，环境O_2浓度应在每次检测车辆未启动前测量，正常环境O_2浓度应为（20.8±0.5)%，若超出此范围，则应由系统主机控制进行校正。环境O_2浓度和稀释O_2浓度应由气体流量分析仪中氧传感器测量；原始O_2浓度应由浓度分析仪测量。

2.6.3 质量计算

在数据收集过程中，微处理器使用式（2-12）的流量公式计算每秒的质量流量。

$$质量排放(g/s)=浓度×密度×排放流量 \tag{2-12}$$

其中，浓度（CO_2、CO、O_2、HC、NO）由排气分析仪排放气体采样单元测量得到。标准状态下，每种采样气体的密度都采用标准化常数值。

主机系统进行计算和显示时，气体实测流量应校正为标准状态下的流量。

汽车排放的尾气一部分进入到废气分析仪，对尾气中的各成分进行测量，并将测量值送入计算机；另一部分与环境空气混合后经风机引入到流量测量装置，测量得到的流量值由RS232串口送入计算机。稀释的排气流量和尾气各成分值，经分析计算后可得到每公里排放污染物的克数（g/km)。

2.6.4 使用方法

测试时，将排气分析仪的采样管插入排气管中分析原排放污染物浓度；将气体流量分析仪稀释软管对着排气管，并留有一定的空隙，以保证稀释后的流量达到规定值。通过气体流量分析仪的抽气机吸入车辆排出的全部尾气和部分稀释用空气，通过分析得到排气流量。

如图2-21所示为汽车排放总质量分析系统。

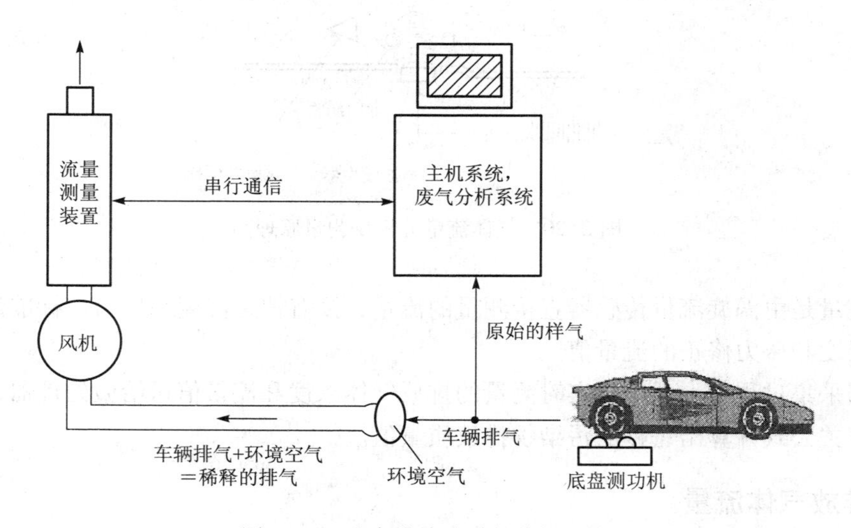

图2-21 汽车排放总质量分析系统

思考题

1. 汽油车排气分析仪由哪几部分组成？其分析装置有哪两种？

2. 校准排气分析仪时，标准气瓶上标明 C_3H_8 为 210×10^{-6}，CO 为 2.3%，分析仪上标明换算系数是 0.52。使用该气瓶校正仪表时，仪表指示各应调整为多少？

3. 汽油车排气分析仪可检测哪些气体？使用时应注意哪些事项？

4. 滤纸式烟度计由哪几部分组成？其检测参数是什么？

5. 不透光烟度计由哪几部分组成？其检测参数是什么？简述不透光烟度计检测原理。

6. 用于排放检测的底盘测功机有哪几种类型？一般由哪几部分组成？

7. 气体流量分析仪在排放检测中的用途是什么？

第3章　汽油车污染物排放检验方法

学习目标

1. 掌握汽油车双怠速法的检测步骤及判断标准；
2. 掌握汽油车稳态工况法的检测步骤及判断标准；
3. 掌握汽油车简易瞬态工况法的检测步骤及判断标准。

为了限制汽油车排气污染物的排放量，我国对汽油车排气污染物检测执行的现行有效标准为《汽油车污染物排放限值及测量方法（双怠速法及简易工况法）》(GB 18285—2018)。该标准要求：自 GB 18285—2018 的实施之日起（即 2019 年 5 月 1 日起），在全国范围内进行的汽油车环保定期检验应采用本标准规定的简易工况法进行，对无法使用简易工况法的车辆，可采用本标准规定的双怠速法进行。依据 GB 18285—2018，本章中汽油车均包括其他装用点燃式发动机的汽车；而对于摩托车则采用《摩托车和轻便摩托车排气污染物排放限值及测量方法（双怠速法）》(GB 14621—2011）的规定进行检验，淘汰原怠速法。

GB 18285—2018 标准中注册登记环保检验和在用车环保检验的流程不同，分别见图 3-1 及图 3-2。在用车检验前应进行环保联网核查，查看车辆有无环保违规记录。

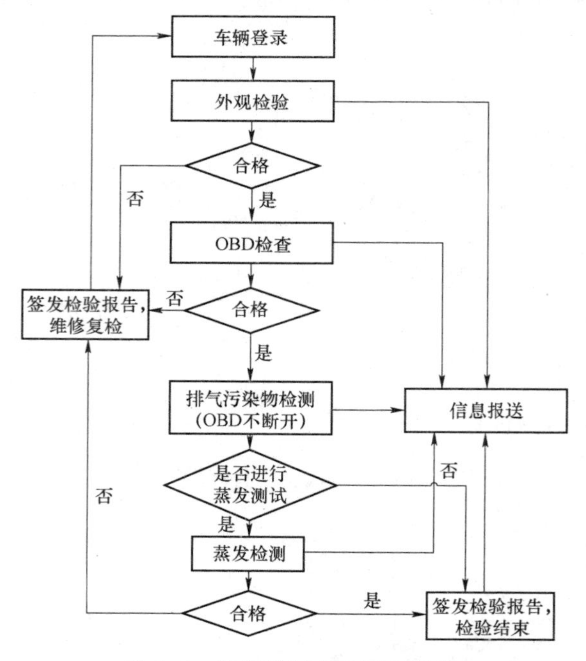

图 3-1　注册登记环保检验流程

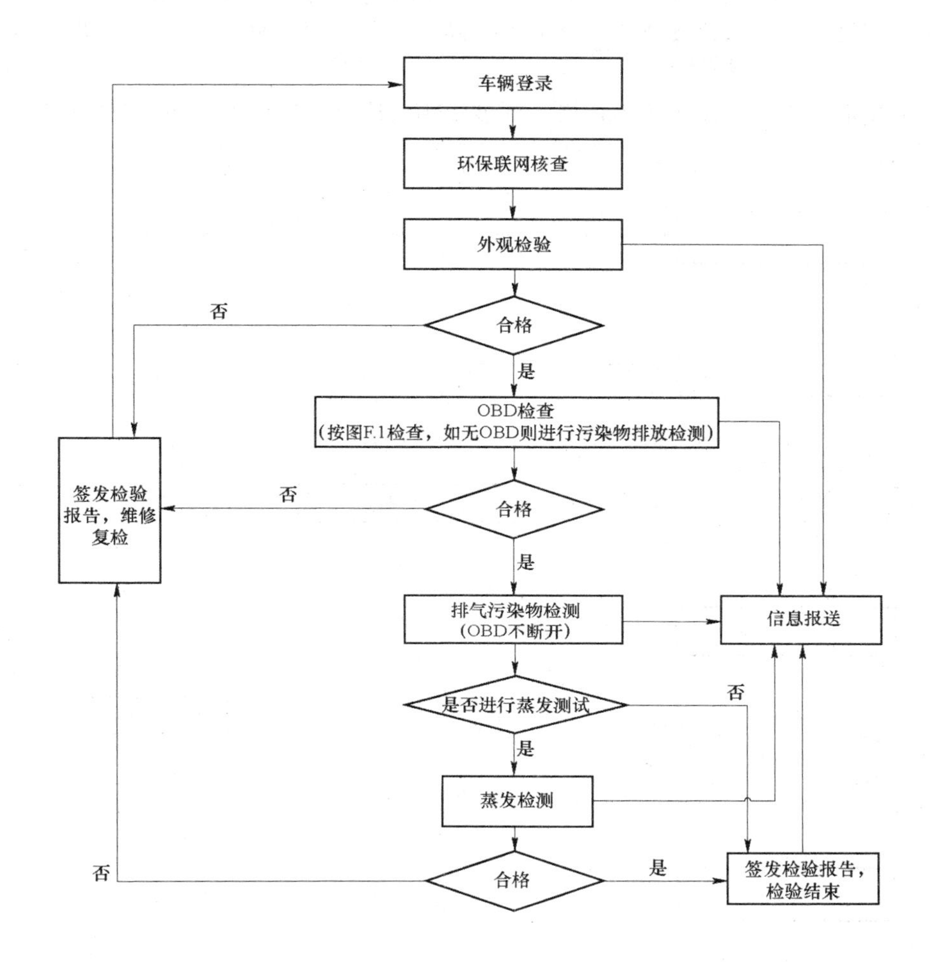

注：图 F. 1 指 GB 18285—2018 附录 F 中图 F. 1 的 OBD 系统检验流程示意图

图 3-2 在用车环保检验流程图

下面分别介绍汽油车双怠速法、简易工况法和摩托车及轻便摩托车双怠速法。

3.1 双怠速法

3.1.1 概述

双怠速法是指车辆在高怠速和怠速状态下分别进行测量，其中轻型车高怠速转速为（2 500±200）r/min，而重型车高怠速转速为（1 800±200）r/min。

1. 双怠速法的测量程序

双怠速法的测量程序为发动机从怠速状态加速至 70% 额定转速，运转 30 s 后降至高怠速状态。将取样探头插入排气管中，深度不少于 400 mm，并固定在排气管上，维持 15 s 后，取其 30 s 内的平均数。对于使用闭环控制电子燃油喷射系统和三元催化转化器技术的汽车，还应同时读取过量空气系数的数值。发动机从高怠速降至怠速状态 15 s 后，取其 30 s 内平均数。

标准中规定，若高怠速排放不合格，则该车辆的检测结果为不合格。双怠速法测量程序如图 3-3 所示。

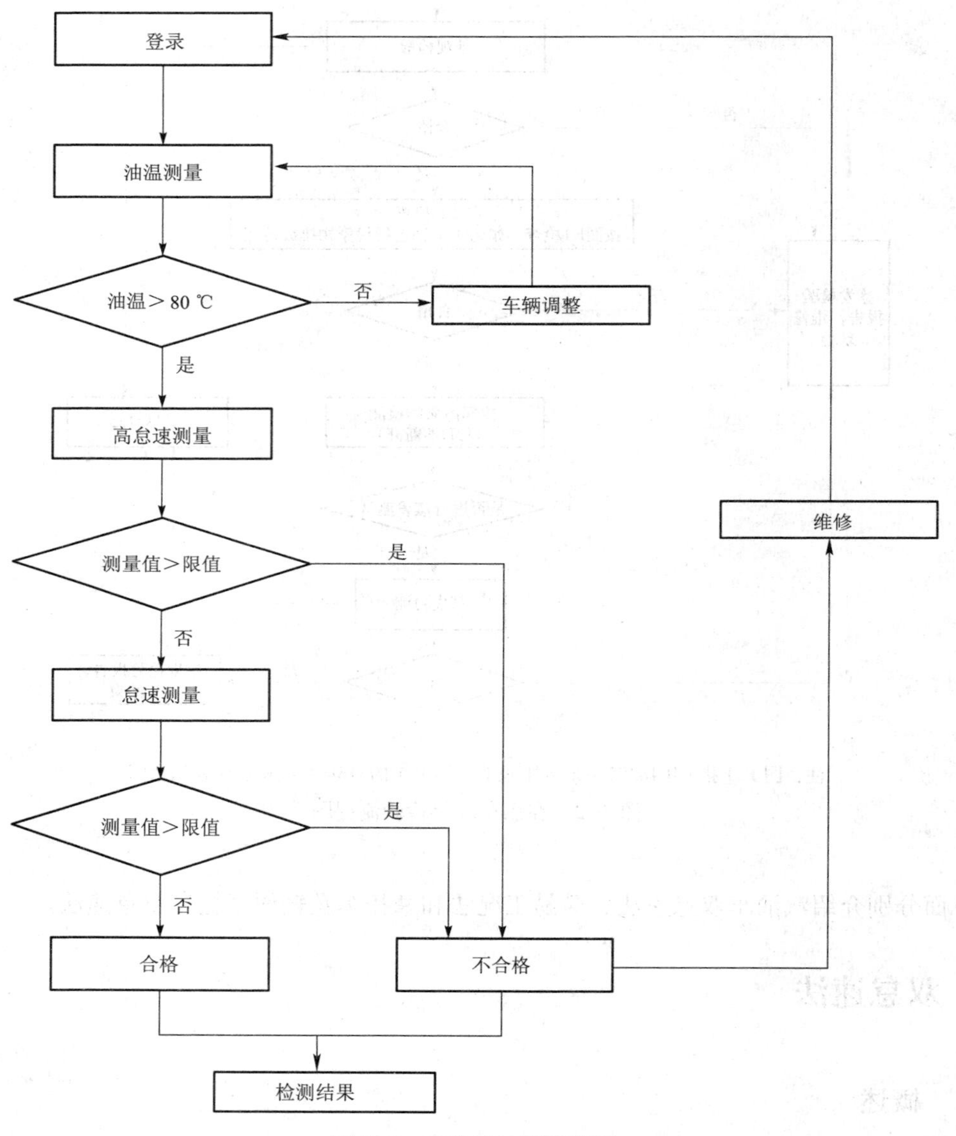

图 3-3　双怠速法测量程序

2. 双怠速污染物的排放限值规定

依据 GB 18285—2018 的规定，汽油车双怠速检验排气污染物的检测结果应小于表 3-1 规定的排放限值。

表 3-1 汽油车双怠速法检验排气污染物的排放限值

类别	怠速		高怠速	
	$CO/\%$	$HC/10^{-6}$①	$CO/\%$	$HC/10^{-6}$①
限值 a	0.6	80	0.3	50
限值 b	0.4	40	0.3	30

注：① 对以天然气为燃料的点燃式发动机汽车，该项目为推荐性要求。

排放检验的同时，应进行过量空气系数 λ 的测定。发动机在高怠速转速工况时，λ 应为 1.00±0.05，或者在制造厂规定的范围内。

3. 注意事项

（1）检验时，发动机怠速应符合规定。

（2）测试过程中，若任何时刻 CO 与 CO_2 的浓度之和小于 6%，或者发动机熄火（混合动力车辆除外），应终止测试，排放测量结果无效，需重新进行测试。

（3）对于单一燃料汽车，仅按燃用气体燃料进行排放检测；对于两用燃料汽车，要求对两种燃料分别进行排放检测。

（4）应使用符合规定的市售燃料。测试时直接使用车辆中的燃料进行排放测试，不足时要更换燃料。

3.1.2 检测设备及检测方法

1. 检测设备

双怠速法使用排气分析仪和 OBD 来进行检测。

排气分析仪在测试过程中测量车辆排气管中排出的 CO、HC、CO_2、NO 和 O_2 的浓度，并计算出过量空气系数 λ，并将测量结果实时传给显示装置。

2. 检测方法

1）车辆准备与仪器准备

（1）被检车辆处于制造厂家规定的正常状态，发动机进气系统应装有空气滤清器，排气系统应装有排气消声器和排气后处理装置，排气系统不得有泄漏。

（2）连接 OBD 诊断仪进行 OBD 检查。在随后的污染物排放检验过程中，不可断开 OBD 诊断仪。将油温传感器接到后板油温信号插座上，拔出机油尺，然后把探针插入被测车辆的机油箱内。

（3）尾气检测员将转速传感器接到转速信号插座上，然后把转速夹夹到被测车辆发动机第一缸高压线上。

对于不方便找到发动机第一缸高压线的，可选择转速适配器代替转速传感器，测量时安装在点烟器、蓄电池上或直接用 OBD 诊断仪读取。

（4）驾驶员启动发动机，测量时发动机冷却液和润滑油温度应不低于 80 ℃，或者达到汽车使用说明书规定的热车状态。

2）实施检测

（1）驾驶员将发动机从怠速状态加速至 70% 额定转速，运转 30 s 后降至高怠速状态，即轻型车控制在（2 500±200）r/min，重型车控制在（1 800±200）r/min。

（2）尾气检测员将取样探头插入排气管中，深度不少于 400 mm，并固定在排气管上，维持 15 s 后，检测软件采取其后 30 s 内平均数作为高怠速污染物测量结果；同时计算过量空气系数的数值。

（3）驾驶员将发动机从高怠速降至怠速状态（即 1 100 r/min 以下），维持 15 s 后，检测软件采取其后 30 s 内平均数作为怠速污染物测量结果。

（4）若为双排气管时，检测软件取各排气管测量结果的算术平均值作为测量结果，也可采用 Y 型取样软管的对称双探头同时取样。

（5）若车辆排气管长度小于测量深度时，应使用排气加长管。

双怠速法检测过程示意图如图 3-4 所示。

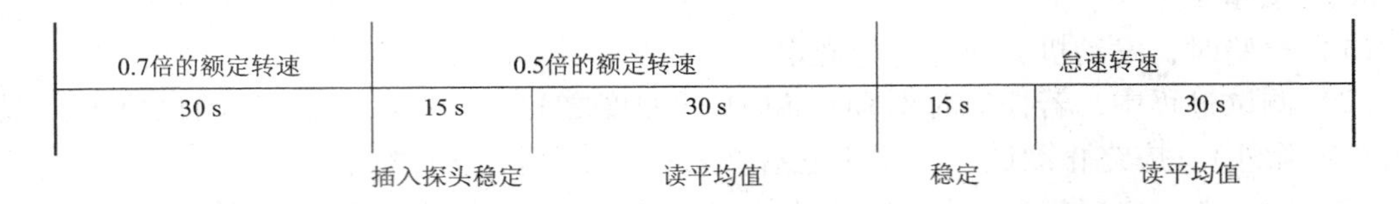

图 3-4　双怠速法检测过程示意图

3. 过量空气系数 λ 的计算

过量空气系数 λ 是燃烧 1 kg 燃料的实际空气量与理论上所需空气量的质量比。通过多气排气分析仪测量汽车排放的 5 种排气成分（CO、CO_2、HC、NO_x和 O_2）的浓度值，并根据每种气体中碳、氢、氧原子数的比值等参数，可以从理论上计算出 λ 值。

$$\lambda=\frac{[CO_2]+\frac{CO}{2}+[O_2]+\left\{\left[\frac{H_{CV}}{4}\times\frac{3.5}{3.5+\frac{[CO]}{[CO_2]}}-\frac{O_{CV}}{2}\right]\times([CO_2]+[CO])\right\}}{\left[1+\frac{H_{CV}}{4}-\frac{O_{CV}}{2}\right]\times\{([CO_2]+[CO]+K_1\times[HC])\}}\tag{3-1}$$

式中：[ ] =体积分数，以% 为单位，仅对 HC 以 10^{-6}为单位；

K_1——HC 转换因子，若以 10^{-6}正己烷（C_6H_{14}）做等价表示，此值等于 6×10^{-4}；

H_{CV}——燃料中氢和碳的原子比，根据不同燃料可选为：汽油 1.726 1，LPG 2.525，NG 4.0；

O_{CV}——燃料中氧和碳的原子比，根据不同燃料可选为：汽油 0.017 6；LPG 0；NG 0。

3.1.3　检测结果判定

（1）在双怠速工况下，车辆检测测得的尾气检测数据（HC、CO）中，若有一项超过标准规定的排放限值，则该车被认为排放不合格。若 λ 不在 1.00±0.05 或制造厂家规定的范围内，即使 HC、CO 数据合格，该车排放也应被判定为不合格。

2011 年 7 月 1 日以后生产的轻型汽油车、2013 年 7 月 1 日以后生产的重型汽油车，如果 OBD 检验不合格，则判定车辆检查不合格。

（2）对于两用燃料汽车，要求对两种燃料分别进行排放检测，且检测结果均符合标准要求，方可判定为合格。

3.2 稳态工况法

汽油车稳态工况污染物排放检测系统（简称 ASM 系统）是轻型汽油车和重型汽油车污染物浓度排放的测试系统。稳态工况法是指车辆预热到规定的热状态后，加速至规定车速，通过底盘测功机对车辆加载，使车辆保持等速运转的运行状态。稳态工况法由两个试验工况组成，分别称为 ASM5025 和 ASM2540。

稳态工况法污染物排放检测系统主要依据下列标准：GB 18285—2018 规定了 ASM 稳态工况测量方法，HJ/T 291—2006 规定了底盘测功机、排气分析仪、微机控制系统等设备要求。

3.2.1 ASM5025 和 ASM2540 工况

1. ASM5025 工况

经预热后的车辆，底盘测功机以 25. 0 km/h 的速度稳定运行，系统根据测试车辆的基准质量自动施加规定的载荷，测试过程中应保持施加的扭矩恒定，车速保持在规定的误差范围内：（25. 0±2. 0）km/h 。完整测试时间为 90 s，整个测试工况最大时长不能超过 145 s。

2. ASM2540 工况

经预热后的车辆，底盘测功机以 40. 0 km/h 的速度稳定运行，系统根据测试车辆的基准质量自动施加规定的载荷，测试过程中应保持施加的扭矩恒定，车速保持在规定的误差范围内：（40. 0±2. 0）km/h 。完整测试时间为 90 s，整个测试工况最大时长不能超过 145 s。

3.2.2 稳态工况法检测系统组成

稳态工况法检测设备由底盘测功机、排气取样系统、排气分析仪、转速传感器、OBD 诊断仪、冷却装置、气象站和自动控制系统组成，如图 3-5 所示。

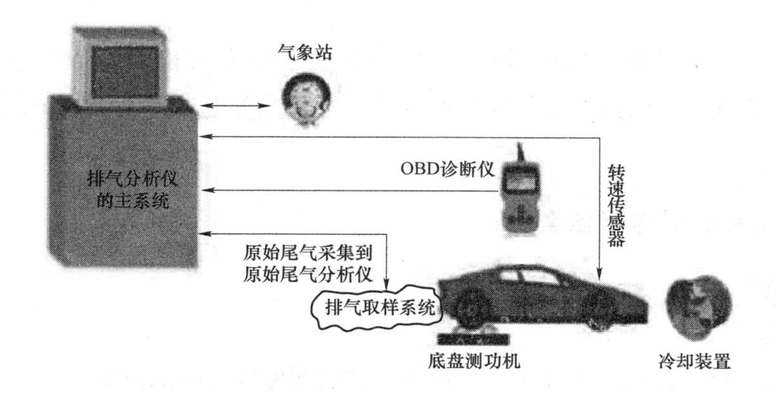

图 3-5　稳态工况法检测系统组成

1）底盘测功机

底盘测功机用来承载测试车辆，用主控柜部分控制功率吸收装置来模拟车辆行驶阻力。测功机上还装有传感器测量车速和扭力，并传输给控制部分进行分析和计算。

2）计算机控制系统

由主控柜、工业控制计算机、打印机、电气控制系统、计算机软件系统组成。控制过程及软件操作执行 GB 18285—2018 及 HJ/T 291—2006 标准，用于 ASM 测量过程的控制、数据测量处理与评价。

3）排气分析仪

此分析仪在测试过程中测量车辆排气管中排出的 CO、HC、CO_2、NO、O_2的浓度，并将检测结果实时传给主控部分。

4）辅助设备

（1）司机助：为驾驶员和操作员提供操作指示画面，以便引车员按检测规程对车辆的速度进行控制。

（2）冷却风机：在车辆进行检测的过程中，利用风扇对车辆进行散热，以免车辆因发动机过热而造成损害。冷却风机可推至发动机前（或发动机侧面），并可调整角度。

（3）挡车器、地锚和安全带：作为测试系统的安全装置。挡车器是用来固定未检轴的位置，以免车辆前后窜动；地锚用于安装安全带，安全带固定在被测车辆上，避免车辆高速测量时窜出底盘测功机。

3.2.3 稳态工况法测试原理

被检车辆驱动轮停放到底盘测功机上，车辆启动，由检验员将车速控制稳定到规定工况速度（25 km/h 及 40 km/h 两个工况），由电气控制系统控制调节功率吸收装置，使加载到滚筒表面的总吸收功率为测试工况下的给定加载值，此时车辆稳定带载荷运行。排气分析仪测量车辆尾气排放中各成分的含量，通过分析仪自带的环境测试单元测取温度、湿度、气压参数，计算出稀释系数，然后计算出校正后的 CO、HC、NO 排放浓度值，并给出合格性评价。

测试过程中，控制系统发出操作指令，由司机助显示，引导检验员操作，但司机助不应显示测量值。发动机冷却风机对着发动机吹风散热。安全装置用于保护测试时的车辆运行安全。

3.2.4 稳态工况法试验方法

1. 试验准备

1）车辆准备

（1）如需要，可在发动机上安装冷却液或润滑油测温计等测试仪器。

（2）应关闭空调、暖风等附属装备。具有牵引力控制装置的车辆应关闭牵引力控制

装置。

(3) 车辆预热：进行试验前，车辆动力总成系统的热状态应符合汽车技术条件的规定，并保持稳定。

在试验前车辆的等候时间超过 20 min 或在试验前熄火超过 5 min，应选以下任一种方法预热车辆：

① 车辆在无负荷状态使发动机以 2 500 r/min 转速运转 4 min；

② 车辆在测功机上按 ASM5025 工况运行 60 s。

(4) 变速器的使用：安装自动变速器的车辆应使用前进挡进行试验。安装手动变速器的车辆应使用二挡；如果二挡所能达到的最高车速低于 45 km/h，可使用三挡。

(5) 车辆驱动轮应位于滚筒上，必须确保车辆横向稳定。驱动轮胎应干燥防滑。

(6) 车辆应限位良好。对前轮驱动车辆，试验前应使驻车制动起作用。

(7) 在试验工况计时过程中，车辆不允许制动。如果车辆制动，工况起始计时应重新回到零（$t=0$ s）。

2）排气分析仪开机检查

排气分析仪应在通电后 30 min 内达到稳定，然后开始泄露检查。在每次开始测试前 2 min 内，自动完成零点校正、环境空气测定、对背景空气浓度的取样和对 HC 残留量的检查。每 24 小时进行一次低浓度标准气体检查。

3）测功机预热

测功机在每天开机或停机、转速小于 20 km/h 超过 30 min，或停机后再次开机，试验前均应进行自动预热。此预热应由系统自动控制完成；如没有按规定完成预热，系统应锁定不能进行检测。

2. 测试过程

稳态工况法测试运转循环如图 3-6 和表 3-2 所示。

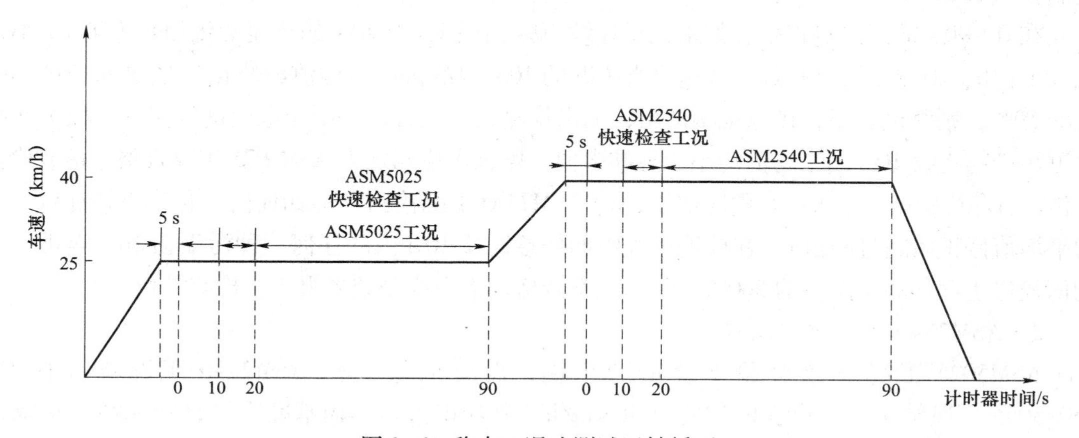

图 3-6 稳态工况法测试运转循环

表 3-2　稳态工况法测试运转循环表

工况	运转次序	速度/（km/h）	操作持续时间/s	测试时间/s
5025	1	0～25	—	—
	2	25	5	
	3	25	10	90
	4	25	10	
	5	25	70	
2540	6	25～40	—	—
	7	40	5	
	8	40	10	90
	9	40	10	
	10	40	70	

连接 OBD 诊断仪进行 OBD 检查。在随后的污染物排放检验过程中，不可断开 OBD 诊断仪。车辆驱动轮位于测功机滚筒上，将分析仪取样探头插入排气管中，深度为 400 mm，并固定于排气管上。对独立工作的多排气管应同时取样。

1）ASM5025 工况测试过程

车辆经预热后，加速至 25 km/h，测功机根据车辆基准质量自动加载，驾驶员控制车辆保持（25±2.0）km/h 等速运转，维持 5 s 后系统自动开始计时（t=0 s）。如果测功机的速度或扭矩，连续 2 s 或累计 5 s，超出速度或扭矩允许波动范围（实际扭矩波动范围不容许超过设定值的±5%），工况计时器置 0，重新开始计时。

ASM5025 工况计时开始 10 s 后（t = 10 s），进入快速检查工况。排气分析仪开始采样，每秒测量一次，并根据稀释修正系数及湿度修正系数计算 10 s 内的排放平均值。运行 10 s（t=20 s）后，ASM5025 快速检查工况结束，进行快速检查判定。ASM5025 测试期间快速检查工况只能进行一次；如果被检车辆没有通过快速检查，则车辆继续进行测试，期间车速应控制在（25±2.0）km/h 内。

在 0～90 s 的测量过程中，如果任意连续 10 s 内第 1 s 至 10 s 的车速变化相对于第 1 s 小于±1.0 km/h，则测试结果有效。快速检查工况的 10 s 内的排放平均值经修正后如果低于排放限值的 50%，则测试合格，排放检测结束，输出检测结果报告；否则应继续进行测试。如果所有检测污染物连续 10 s 的平均值均小于标准限值，则该车应判定为 ASM5025 工况合格，排放检验合格，打印检验结果报告；否则应继续进行 ASM2540 工况检测（即如任何一种污染物连续 10 s 的平均值修正后超过限值）。在检测过程中如任意连续 10 s 内的任何一种污染物 10 s 内排放平均值经修正后均高于限值的 500%，则测试不合格，输出检测结果报告，检测结束。

2）ASM2540 工况测试过程

ASM5025 工况排放检验不合格的车辆，需要继续进行 ASM2540 工况排放检验。ASM5025 工况结束后，应立即加速至 40 km/h，测功机根据车辆基准质量自动加载，车辆保持在（40±2.0）km/h 范围内等速运转，维持 5 s 后，工况计时器开始计时（t=0 s）。当测功机速度或扭矩的偏差连续 2 s，或者累计 5s 超过设定值，检测应重新开始。

ASM2540 工况计时开始 10 s 后（$t=10$ s），进入快速检查工况，计时器为 $t=10$ s，排气分析仪开始采样，每秒测量一次，并根据稀释修正系数及湿度修正系数计算 10 s 内的排放平均值。运行 10 s（$t=20$ s）后，ASM2540 快速检查工况结束，进行快速检查判定。ASM2540 测试期间快速检查工况只能进行一次；如果被检车辆没有通过快速检查，则车辆继续进行测试，期间车速应控制在（40±2.0）km/h 内。

在 0～90 s 的测量过程中，如果任意连续 10 s 内第 1 s 至第 10 s 的车速变化相对于第 1 s 小于±1.0 km/h，则测试结果有效。快速检查工况的 10 s 内的排放平均值经修正后如果低于排放限值的 50%，则测试合格，排放检测结束，输出检测结果报告；否则应继续进行测试。如果所有检测污染物连续 10 s 的平均值均低于标准限值，则该车应判定为 ASM2540 工况合格，排放检验合格，打印检验结果报告。在检测过程中如任意连续 10 s 内的任何一种污染物 10 s 内排放平均值经修正后均高于限值，则测试不合格，输出检测结果报告，检测结束。

ASM2540 工况与 ASM5025 工况区别在于，若任意连续 10 s 平均值经修正后超过限值，则测试不合格，检测结束，打印最后一次连续 10 s 的平均值。

3）快速检查通过方式

在 ASM5025 工况及 ASM2540 工况测试过程中，若快速检查工况 10 s 内的排放平均值经修正后低于限值的 50%，则测试合格，打印检验结果报告，完成检测；若任意连续 10 s 内的任何一种污染物 10 次排放值经修正后均高于限值的 500%，则测试不合格，打印检验结果报告，完成检测。

4）底盘测功机加载计算

（1）滚筒直径为 218 mm 的测功机加载计算。

ASM5025 工况下，测功机加载计算如式（3-2）所示。

$$P_{5025-2}=\mathrm{RM}/148 \tag{3-2}$$

式中：RM——基准质量，kg；

P_{5025-2}——滚筒直径为 218 mm 的测功机 ASM5025 工况设定功率值，kW。

ASM2540 工况下，测功机加载计算如式（3-3）所示。

$$P_{2540-2}=\mathrm{RM}/185 \tag{3-3}$$

式中：RM——基准质量，kg；

P_{2540-2}——滚筒直径为 218 mm 的测功机 ASM2540 工况设定功率值，kW。

注意：对重型车，若 P_{5025-2} 和 P_{2540-2} 的加载功率计算结果≥25.0 kW，均按照 25.0 kW 进行加载测试。

（2）其他滚筒直径的测功机加载计算。

ASM5025 工况及 ASM2540 工况下，测功机加载计算分别如式（3-4）和式（3-5）所示。

$$P_{5025}=P_{5025-2}+P_{\mathrm{f},5025-2}-P_{\mathrm{f},5025} \tag{3-4}$$

$$P_{2540}=P_{2540-2}+P_{\mathrm{f},2540-2}-P_{\mathrm{f},2540} \tag{3-5}$$

式中：P_{5025}——任意滚筒直径的测功机 ASM5025 工况设定功率值，kW；

P_{2540}——任意滚筒直径的测功机 ASM2540 工况设定功率值，kW；

P_{5025-2}——滚筒直径为 218 mm 的测功机 ASM5025 工况设定功率值，kW；

P_{2540-2}——滚筒直径为 218 mm 的测功机 ASM2540 工况设定功率值，kW；

$P_{f,5025-2}$——滚筒直径为 218 mm 的测功机 ASM5025 工况轮胎与滚筒表面摩擦损失功率，kW；

$P_{f,2540-2}$——滚筒直径为 218 mm 的测功机 ASM2540 工况轮胎与滚筒表面摩擦损失功率，kW；

$P_{f,5025}$——任意滚筒直径的测功机 ASM5025 工况轮胎与滚筒表面摩擦损失功率，kW；

$P_{f,2540}$——任意滚筒直径的测功机 ASM2540 工况轮胎与滚筒表面摩擦损失功率，kW。

（3）轮胎与测功机滚筒表面摩擦损失功率计算。

轮胎与任意直径滚筒的表面摩擦损失功率可用式（3-6）表示。

$$P_f = Av+Bv^2+Cv^3 \tag{3-6}$$

式中：P_f——轮胎与任意直径滚筒的表面摩擦损失功率，可通过测功机对车辆反拖或车辆在测功机上空挡滑行测量取值，kW；

A，B，C——特定滚筒直径的测功机轮胎与滚筒表面摩擦损失功率拟合系数；

v——车辆速度，m/s。

3.2.5 稳态工况法排气污染物排放限值

依据 GB 18285—2018 的要求，汽油车稳态工况法排气污染物的检测结果应小于表 3-3 规定的排放限值。

表 3-3 汽油车稳态工况法排气污染物排放限值

类别	ASM5025			ASM2540		
	CO/%	HC[①]/10^{-6}	NO/10^{-6}	CO/%	HC/10^{-6}	NO/10^{-6}
限值 *a*	0.50	90	700	0.40	80	650
限值 *b*	0.35	47	420	0.30	44	390

注：① 对于装用天然气为燃料的点燃式发动机汽车，该项目推荐性要求。

测量结果判定如下。

（1）采用稳态工况法进行排放检测时，如果检测污染物有一项超过规定的限值，则认为受检车辆排放不合格。2011 年 7 月 1 日以后生产的轻型汽油车、2013 年 7 月 1 日以后生产的重型汽油车，如果 OBD 检验不合格，则判定车辆检查不合格。

（2）对于单一气体燃料汽车，仅按燃用气体燃料进行排放检测；对于两用燃料汽车，要求对两种燃料分别进行排放检测。如果检测污染物有一项超过规定的限值，则认为受检车辆排放不合格。

3.3 简易瞬态工况法

汽油车简易瞬态工况污染物排放检测系统（简称 VMAS 系统）是基于轻型车（总质量为 3 500 kg 以下的 M、N 类车辆）污染物质量排放的测试系统。VMAS 与基于浓度排放测试

的 ASM 相比，ASM 只能检测污染物浓度，不能检测出污染物的排放总量；VMAS 能够直接获取汽车污染物的排放总质量，可以更为准确地模拟车辆实际的工作状况，更客观、公正地判断车辆的排放状态，且道路相关性较好。

汽油车简易瞬态工况法的优点具体表现在以下四个方面：

① 试验循环包含了怠速、加速、匀速和减速各种工况，能反映车辆实际行驶时的排放特征；

② VMAS 克服了 ASM 不能检测电喷车氧传感器有问题造成空燃比失控从而增加排气污染物排放的缺陷；

③ 与新车检测的相关性好，准确率高，误判率仅为 5%以下（以 IM240 准确率为 100%计）；

④ 能检测 CO、HC、NO_x 三种污染物每公里的排放量，并以 g/km 表示，有利于归纳排放因子，估算和统计城市机动车污染物排放总量，对制定城市机动车污染控制规划具有实际意义。

汽油车简易瞬态工况污染物排放检测系统主要依据下列标准：《汽油车污染物排放限值及测量方法（双怠速法及简易工况法）》(GB 18285—2018）附录 D 规定了 VMAS 简易瞬态工况测量方法，《汽油车简易瞬态工况法排气污染物测量设备技术要求》(HJ/T 290—2006）规定了底盘测功机、排气分析仪、微机控制系统等设备要求。

3.3.1 简易瞬态工况法检测系统组成及原理

1. 系统组成

汽油车简易瞬态工况污染物排放检测设备由轻型底盘测功机、排放气体分析仪和气体流量分析仪组成的取样分析系统、流量测量系统、发动机转速计、OBD 诊断仪、冷却装置、气象站和自动控制系统组成。简易瞬态工况法检测系统组成如图 3-7 所示，其主要组成部分及作用如下所述。

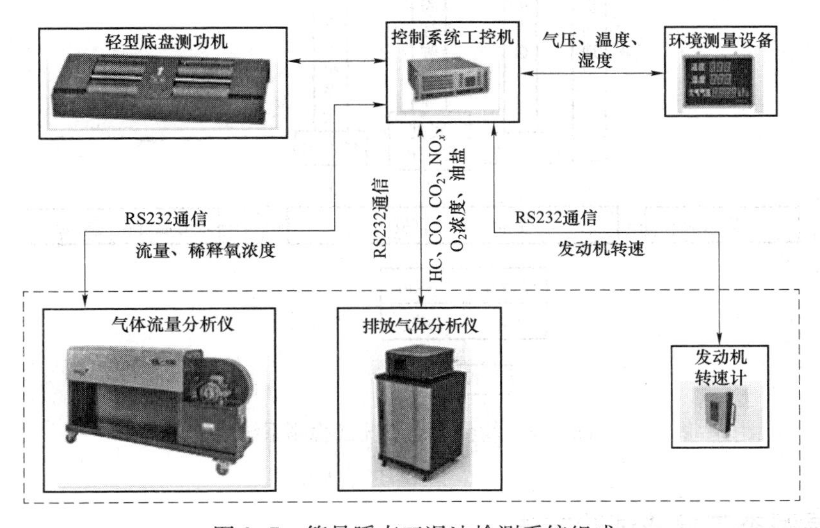

图 3-7 简易瞬态工况法检测系统组成

1）轻型底盘测功机

轻型底盘测功机由滚筒、功率吸收单元、惯量模拟装置等组成。测功机上还装有传感器测量车速和扭力，用以模拟车辆在道路上行驶的瞬态工况负荷，并实时测取当前车速，传输给控制部分进行分析和计算。

2）控制系统工控机

控制系统工控机由主控柜、工业控制计算机、打印机、电气控制系统、计算机软件系统组成。控制过程及软件操作执行 GB 18285—2018 及 HJ/T 290—2006 标准，用于简易瞬态工况法测量过程的控制、数据测量处理与评价。

3）排放气体分析仪

在测试过程中测量车辆排气管中排出的 CO、HC、CO_2、NO_x、O_2的浓度，并把信息实时传输给主控部分。

4）气体流量分析仪

气体流量分析仪用来测量汽车排出剩余气体和空气混合气的流量、温度、压力、稀释气体氧气浓度，并实时把测试结果传输给主控部分。

2. 测试原理

依据 GB 18285—2018 的规定，VMAS 系统适用于最大总质量小于或等于 3 500 kg 的 M、N 类车辆。测试时由轻型底盘测功机模拟汽车的加速惯量和道路行驶阻力，使汽车产生接近实际行驶时的排放量。通过专用汽车排气分析仪和气体流量分析仪，测量汽车排出原始气体 O_2浓度和混合稀释气体 O_2浓度，然后计算稀释前后气体的稀释比，就可以得到汽车排气实际流量。其检测系统如图 3-8 所示。

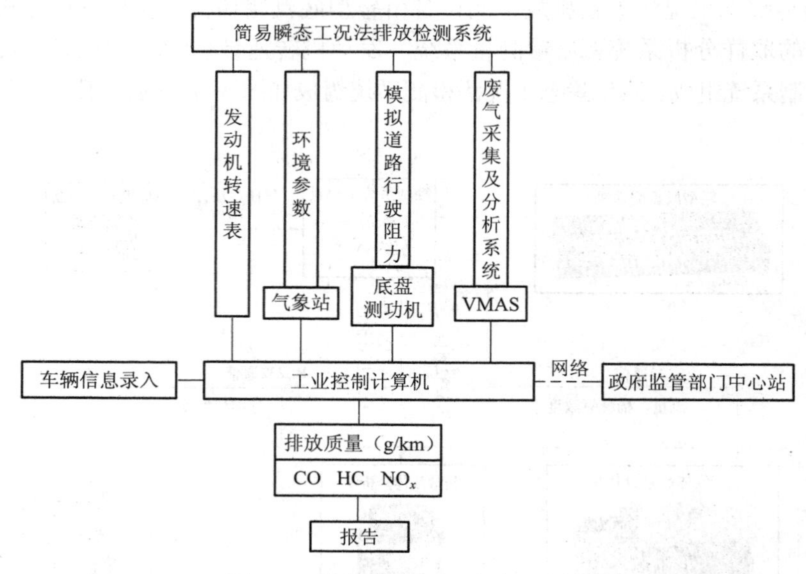

图 3-8 简易瞬态工况法检测系统

3.3.2 简易瞬态工况法试验方法

简易瞬态工况法试验方法对测试环境的要求为：环境温度为-5～45 ℃，相对湿度小于90%。测试前应记录环境温度、湿度和大气压力，结果取 2 min 内的算术平均值。

1. 排气分析仪准备

（1）分析仪预热，应在通电 30 min 后达到稳定。分析仪稳定后在 5 min 内未经调整，分析仪零点以及 HC、CO、NO 和 CO_2 的量距气读数应稳定在误差范围内。

（2）取样系统应在关机前至少连续清洗 15 min；若为反吹清洗，则不少于 5 min。

（3）取样探头至少应插入汽车排气管 400 mm；如不能保证此插入深度，应使用排气管。对独立工作的多排气管应同时取样。

（4）在每次开始试验前 2 min 内，分析仪器完成自动调零、环境空气测定和 HC 残留量的检查。

① 用零标准气对 HC、CO、CO_2、NO_x 和 O_2 进行调零。

② 环境空气经取样探头、软管、过滤器和水气分离过滤，由采样泵送入分析仪后，应直接记录 5 种被测气体的浓度，不需要再进行修正。

③ 排气分析仪测量并确定背景空气污染水平和 HC 残留量。如果采集的背景空气中 3 种气体中的任何一种浓度绝对值超过规定值，即：$HC \geqslant 15\times10^{-6}$，或 $CO \geqslant 0.02\%$，或 $NO \geqslant 5\times10^{-6}$；或者取样系统内的 HC 残留浓度超过 7×10^{-6} 时，或为负值，系统应自动锁止设备，不允许继续进行排放测试。

2. 底盘测功机准备

1）底盘测功机预热

底盘测功机开机应预热，若底盘测功机停机或不满足温度要求时应自动进行预热。

2）滑行测试

开机预热后，根据底盘测功机设定的程序进行滑行测试。滑行测试合格后方可进行简易瞬态工况的排放检测。

3）简易瞬态工况法载荷设定

在进行排放检测前，系统应根据基准质量等参数自动设定测功机载荷，或根据基准质量设定试验工况吸收功率值。可采用表 3-4 的推荐值。

表 3-4 在 50 km/h 等速时吸收驱动轮上的功率推荐值

基准质量 RM/kg	测功机吸收功率 P/kW	基准质量 RM/kg	测功机吸收功率 P/kW
RM≤750	1.3	1 700<RM≤1 930	2.1
750<RM≤850	1.4	1 930<RM≤2 150	2.3
850<RM≤1 020	1.5	2 150<RM≤2 380	2.4
1 020<RM≤1 250	1.7	2 380<RM≤2 610	2.6
1 250<RM≤1 470	1.8	2 610<RM	2.7
1 470<RM≤1 700	2.0		

注：对于车辆基准质量大于 1 700 kg 的乘用车，表中功率应乘以系数 1.3。

3. 试验车辆准备

（1）车辆机械状况应良好，无影响安全或引起试验偏差的机械故障。

（2）车辆进、排气系统不得有任何泄漏。

（3）车辆的发动机、变速箱和冷却系统等应无液体渗漏。

（4）应关闭空调、暖风等附属装备。

（5）进行试验前，车辆工作温度应符合出厂规定，过热车辆不得进行测试。如果受检车辆在排放测试前熄火超过 20 min，在进行简易瞬态工况法测试前应进行预热。

（6）应使用符合规定的市售燃料。测试时直接使用车辆中的燃料进行排放测试，不足时要更换燃料。

（7）连接 OBD 诊断仪进行 OBD 检查。在随后的污染物排放检验过程中，不可断开 OBD 诊断仪。

3.3.3 简易瞬态工况法测试运转循环

在底盘测功机上进行的简易瞬态工况法测试运转循环如表 3-5 所示，并用图 3-9 加以描述。按运转状态分解的统计时间列入表 3-6 和表 3-7。

表 3-5 简易瞬态工况法测试运转循环表

操作序号	操作	工序	加速度/（m/s^2）	速度/（km/h）	每次时间/s 操作	每次时间/s 工况	累计时间/s	手动换挡时使用的挡位
1	怠速	1	—	—	11	11	11	6sPM[1]+5sK_1[2]
2	加速	2	1.04	0→15	4	4	15	1
3	等速	3	—	15	8	8	23	1
4	减速	4	−0.69	15→10	2	5	25	1
5	减速、离合器脱开		−0.92	10→0	3		28	K_1
6	怠速	5	—	—	21	21	49	16sPM+5sK_1
7	加速	6	0.83	0→15	5	12	54	1
8	换挡				2		56	—
9	加速		0.94	15→32	5		61	2
10	等速	7	—	32	24	24	85	2
11	减速	8	−0.75	32→10	8	11	93	2
12	减速、离合器脱开		−0.92	10→0	3		96	K_2
13	怠速	9	—	—	21	21	117	16sPM+5sK_1
14	加速	10	0.83	0→15	5	26	122	1
15	换挡				2		124	—
16	加速		0.62	15→35	9		133	2
17	换挡				2		135	—
18	加速		0.52	35→50	8		143	3
19	等速	11	—	50	12	12	155	3
20	减速	12	−0.52	50→35	8	8	163	3
21	等速	13	—	35	13	13	176	3
22	换挡	14			2	12	178	
23	减速		−0.86	32→10	7		185	2
24	减速、离合器脱开		−0.92	10→0	3		188	K_2
25	怠速	15	—	—	7	7	195	7sPM

注：① PM——变速器置空挡，离合器接合。

② K_1，K_2——变速器置一挡或二挡，离合器脱开。

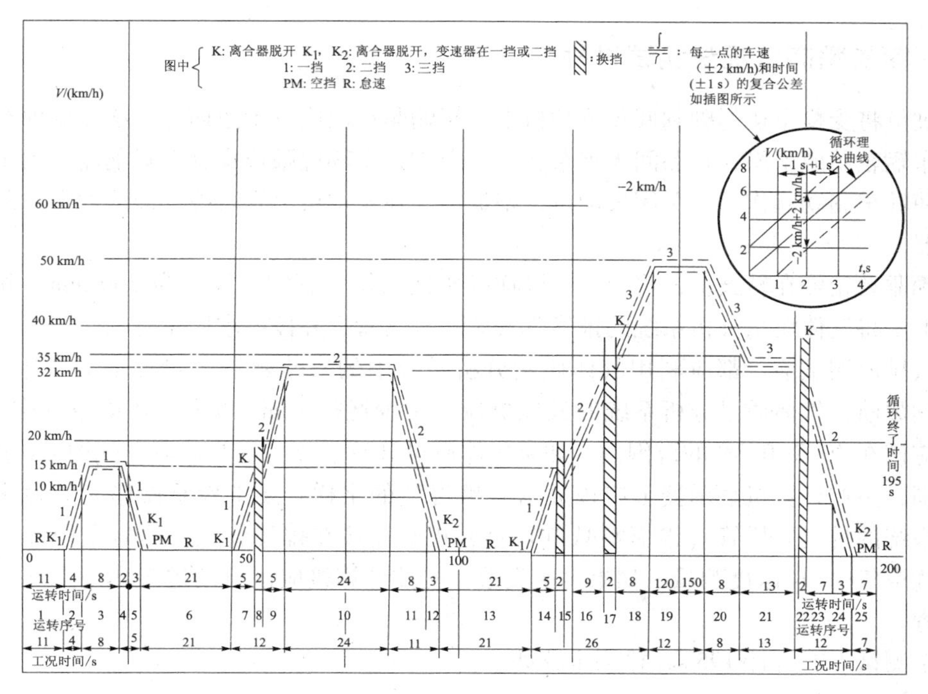

图 3-9 VMAS 简易瞬态工况法测试运转循环图

表 3-6 按工况分解表

工　况	时间/s	百分比/%	
怠速	60	30. 8	35. 4
怠速、车辆减速、离合器脱开	9	4. 6	
换挡	8	4. 1	
加速	36	18. 5	
等速	57	29. 2	
减速	25	12. 8	
合计	195	100	

表 3-7 按使用挡位分解表

变速器挡位	时间/s	百分比/%	
怠速	60	30. 8	35. 4
怠速、车辆减速、离合器脱开	9	4. 6	
换挡	8	4. 1	
一挡	24	12. 3	
二挡	53	27. 2	
三挡	41	21. 0	
合计	195	100	

注：

（1）测试期间平均车速：19 km/h；

（2）有效行驶时间：195 s；

（3）循环理论行驶距离：1. 013 km。

3.3.4 简易瞬态工况法测试过程

驾驶员将受检车辆驾驶到底盘测功机上，车辆驱动轮应置于滚筒上，必须确保车辆横向稳定，车辆轮胎应干燥，轮胎间无夹杂石子等杂物，车辆应限位良好。对前轮驱动车辆，试验前应使驻车制动起作用。关闭发动机，根据需要在发动机上安装冷却液或润滑油测温计等测试仪器。

车辆驱动轮停在转鼓上，将分析仪取样探头插入排气管中，深度为 400 mm，并固定于排气管上。将气体质量分析系统的锥形管安装在排气管上并按要求固定好。

每次排放测试前，都应利用气体质量分析系统中的氧传感器测量环境大气中 O_2 的浓度。在读数前，气体质量分析系统的鼓风机应该至少运行 1 min 以上，环境空气中 O_2 浓度的读数应该在 20. 8±0. 3% 的范围内，如果气体质量分析系统测量的环境空气中 O_2 浓度超出上述范围，主控计算机显示器上应该显示“警告”的字样，要求检验操作人员确认气体质量分析系统的排气采样管（锥形喇叭口）是否正确连接在排气管上，然后主控计算机继续进行环境空气中 O_2 浓度测量，如果再次失败，主控计算机应该自动进入环境空气检查程序进行检查。

整个测试工况合计 195 s，检测步骤如下。

1）*启动发动机*

（1）按照制造厂使用说明书的规定，启动汽车发动。

（2）发动机保持怠速运转 40 s，在 40 s 结束时开始排放测试循环，并同时开始排气取样。

（3）在测试期间，驾驶员应该根据驾驶员引导装置上显示的速度-时间曲线轨迹规定的速度和换挡时机驾驶车辆，试验期间严格禁止转动方向盘。

2）*怠速（共计 60 s）*

（1）手动或半自动变速器：怠速期间，离合器接合，变速器置空挡。为能够按循环正常加速，在循环的每个怠速后期，加速开始前 5s，驾驶员应松开离合器，变速器置一挡。

（2）在测试开始时，放好挡位选择器后，在整个测试过程期间的任何时候，都不得再次操作挡位选择器。除非出现加速不能在规定时间内完成的情况，可以操作挡位选择器，必要时可以使用超速挡。

3）*加速（共计 36 s）*

（1）在整个加速工况期间，应尽可能使车辆加速度保持恒定。

（2）若在规定时间内未能完成加速过程，超出的时间应从工况改变的复合公差允许的时间中扣除，否则应从下一个等速工况时间内扣除。

（3）手动变速器：如果不能在规定时间内完成加速过程，应按手动变速器的要求，操作挡位选择器进行换挡。

4）*减速（共计 25 s）*

（1）在所有减速工况时间内，应将加速踏板完全松开，离合器接合；当车速降至 10 km/h 时，离合器脱开，但不得进行换挡操作。

（2）如果减速时间比响应工况规定的时间长，允许使用车辆的制动器，以便使循环按

照规定的时间进行。

（3）如果减速时间比响应工况规定的时间短，则应在下一个等速或怠速工况时间中恢复至理论循环规定的时间。

5）等速（共计 57 s）

（1）从加速过渡到下一等速工况时，应避免猛踏加速踏板或关闭节气门。

（2）应采用保持加速踏板位置不变的方法实现等速工况。

循环终了时（车辆停止在转鼓上），变速器置于空挡，离合器接合，排气分析系统停止取样。根据驾驶员引导装置的提示，将受检车辆开出底盘测功机，或者继续进行后续的测试。

3.3.5 简易瞬态工况法排气污染物排放限值

依据 GB 18285—2018 简易瞬态工况法排气污染物排放限值见表 3-8。

表 3-8 简易瞬态工况法排气污染物排放限值

类别	CO/(g/km)	HC/(g/km)①	NO_x/(g/km)
限值 *a*	8.0	1.6	1.3
限值 *b*	5.0	1.0	0.7

注：① 对于装用以天然气为燃料点燃式发动机汽车，该项目为推荐性要求。

其判定原则如下。

（1）采用 VMAS 简易瞬态工况法进行排放检测时，如果检测污染物有一项超过规定的限值，则认为受检车辆排放不合格。2011 年 7 月 1 日以后生产的轻型汽油车，如果 OBD 检验不合格，则判定车辆检查不合格。

（2）对于单一气体燃料汽车，仅按燃用气体燃料进行排放检测；对于两用燃料汽车，要求对两种燃料分别进行排放检测。如果检测污染物有一项超过规定的限值，则认为受检车辆排放不合格。

3.4 简易工况法无法检测的点燃式发动机车辆

依据 GB 18285—2018 的规定及目前我国简易工况法配置的两轮驱动底盘测功机的局限性，简易工况法无法对以下车型进行检测，否则会破坏这些车辆的四轮驱动系统、防抱死制动系统和牵引力控制系统等。对于无法进行简易工况法检验的车辆，应采用双怠速法。

（1）无法手动切换两驱驱动模式的全时四驱车和适时四驱。

（2）具有驱动防滑控制装置等而无法脱开的车辆。

牵引力控制系统 TCS、驱动防滑控制装置 ASR（TRC）、电子稳定控制系统 ESP 均可被称作驱动防滑控制装置。

3.5 摩托车及轻便摩托车双怠速法

为了进一步防止摩托车及轻便摩托车污染，《摩托车和轻便摩托车排气污染物排放限值及测量方法（双怠速法）》（GB 14621—2011）规定，摩托车及轻便摩托车排气污染物排放的检测，从2011年10月1日起正式实施双怠速法检测。

3.5.1　检测设备

摩托车及轻便摩托车双怠速法使用排气分析仪来进行检测。对只进行怠速法检测的，也可使用两气分析仪。

该分析仪在测试过程中测量摩托车及轻便摩托车排气管中排出的CO、HC、CO_2，并将测量结果实时传给显示装置，然后按照规定对CO测量结果进行修正后，完整记录测量数据。

3.5.2　检测步骤

1. 车辆准备

（1）应保证车辆处于制造厂规定的正常状态，排气系统不得有泄漏。

（2）被检车辆按照制造厂技术文件的规定进行预热。车辆预热后10 min内进行怠速和双怠速排放检测。

（3）在排气消声器尾部加一个长600 mm、内径ϕ40 mm的专用密封接管，并应保证排气背压不超过1.25 kPa，且不影响发动机的正常运行。

（4）若为多排气管时，应采用Y型接管将排气接入同一个管中测量；或分别取气，取各排气管测量结果的算术平均值作为测量结果。

2. 高怠速状态排气污染物的测量

（1）发动机从怠速状态加速至70%的发动机最大净功率转速，运转10 s后降至高怠速状态。

（2）维持高怠速工况，即将转速稳定在（2 500±250）r/min。将取样探头插入密封接管，插入深度为400 mm，维持15 s后，由具有平均值功能的仪器读取30 s内的平均值，其平均值即为高怠速污染物测量结果。

3. 怠速状态排气污染物的测量

发动机从高怠速降至怠速状态，维持15 s后，由具有平均值功能的仪器读取30 s内的平均值，其平均值即为怠速污染物测量结果。

对于单一气体燃料车，仅按燃用气体燃料进行排放检测；对于两用燃料车，要求对两种燃料分别进行排放检测。

4. 测量结果的记录

需记录检测时的发动机转速，以及排气中的CO、HC和CO_2排放的体积分数值。

5. 测量结果的修正

CO的修正浓度（$C_{CO修正}$）用CO浓度（C_{CO}）和CO_2浓度（C_{CO_2}）的测量值通过计算进行修正。测量结果以修正后的数值为准。

（1）二冲程发动机CO的修正浓度计算如式（3-7）所示。

$$C_{CO修正}=C_{CO}\times\frac{10}{C_{CO}+C_{CO_2}}\% \tag{3-7}$$

（2）四冲程发动机 CO 的修正浓度计算如式（3-8）所示。

$$C_{CO修正}=C_{CO}\times\frac{15}{C_{CO}+C_{CO_2}}\% \tag{3-8}$$

（3）对二冲程发动机，如果测量的 $C_{CO}+C_{CO_2}$ 的总浓度数值不小于 10%，或对四冲程发动机不小于 15%，则测量的 CO 浓度无须根据以上公式进行修正。

6. 数字修约

检测结果修约后，CO 排放值保留一位小数；HC 保留到 10 位数。

3.5.3 摩托车及轻便摩托车双怠速法排放限值

依据 GB 14621—2011 的要求，自 2011 年 10 月 1 日起，在用摩托车及轻便摩托车排气污染物排放应符合表 3-9 的限值。

表 3-9 双怠速法在用摩托车及轻便摩托车测量污染物排放限值

实施要求和日期	工况			
	怠速工况		高怠速工况	
	CO/%	HC/10⁻⁶	CO/%	HC/10⁻⁶
2003 年 7 月 1 日前生产的摩托车和轻便摩托车（二冲程）	4.5	8 000	—	—
2003 年 7 月 1 日前生产的摩托车和轻便摩托车（四冲程）	4.5	2 200	—	—
2003 年 7 月 1 日起生产的摩托车和轻便摩托车（二冲程）	4.5	4 500	—	—
2003 年 7 月 1 日起生产的摩托车和轻便摩托车（四冲程）	4.5	1 200	—	—
2010 年 7 月 1 日起生产的两轮摩托车和两轮轻便摩托车	3.0	400	3.0	400
2011 年 7 月 1 日起生产的三轮摩托车和三轮轻便摩托车				

注：（1）HC 体积分数值按正己烷当量计；（2）污染物浓度为体积分数

3.5.4 检测结果判定规则

如果被测车辆的排气污染物浓度低于或等于以上标准规定的排放限值，则判定为达标；任何一项检测污染物浓度超过规定的排放限值，则判定为超标。

思考题

1. GB 18285—2018 规定，点燃式发动机排气污染物检测方法有哪几种？

2. 简述双怠速法检测废气时的测量程序及其判断标准。

3. 什么是稳态工况法？其检测参数有哪些？简述 ASM 系统的组成及各自作用。

4. 简述 GB 18285—2018 规定的稳态工况法测量程序及判断标准。

5. 什么是简易瞬态工况法？其检测参数有哪些？简述简易瞬态工况法系统的组成及各自作用。

6. 简述 GB 18285—2018 规定的简易瞬态工况法测量程序及判断标准。

7. 简述简易瞬态工况法和稳态工况法的区别。

第 4 章　柴油车污染物排放检验方法

学习目标

1. 掌握自由加速不透光烟度法的检测步骤及判断标准；
2. 掌握加载减速工况法的检测步骤及判断标准；
3. 掌握低速货车自由加速工况滤纸式烟度法的检测步骤及判断标准。

为了限制柴油车排气污染物的排放量，我国对柴油车排气污染物检测执行的现行有效标准为《柴油车污染物排放限值及测量方法（自由加速法及加载减速法）》（GB 3847—2018）及《农用运输车自由加速烟度排放限值及测量方法》（GB 18322—2002），其中 GB 18322—2002 仅适用于压燃式发动机在用低速汽车及三轮汽车。依据 GB 3847—2018，本章中柴油车均包括其他装用压燃式发动机的汽车。

依据 GB 3847—2018 规定，注册登记环保检验及在用车环保检验的流程不同，分别见图 4-1 和图 4-2。在用汽车环保检验前应进环保联网核查，查看车辆有无环保违规记录。

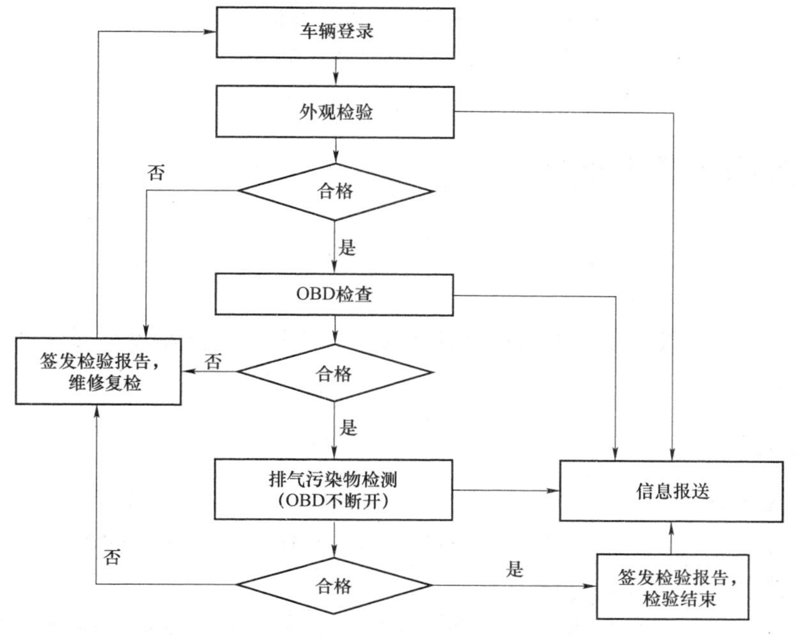

图 4-1　注册登记环保检验流程图

下面分别介绍自由加速不透光度烟度法、加载减速工况法及低速货车滤纸式烟度法。

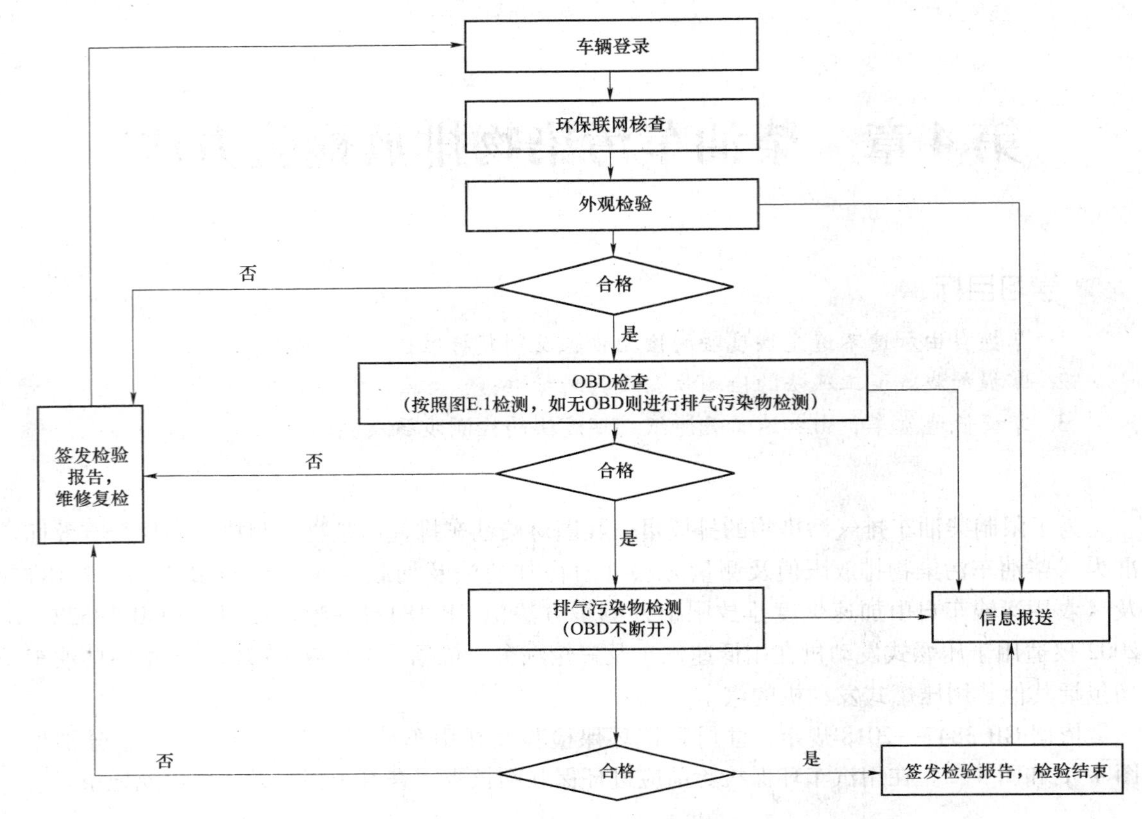

注：图 E. 1 指 GB 3847—2018 附录 E 中图 E. 1 的 OBD 系统检查流程示意图。

图 4-2　在用车环保检验流程图

4.1　自由加速不透光烟度法

4.1.1　概述

自由加速不透光烟度法是指在自由加速工况下，采用不透光烟度计对柴油车排气污染物进行检验的方法。

4.1.2　测量准备

1. 受检车辆准备

（1）车辆排气系统相关部件不得有泄露。连接 OBD 诊断仪进行 OBD 检查。在随后的污染物排放检验过程中，不可断开 OBD 诊断仪。

（2）试验前应确保发动机处于热状态，且机械状态良好。发动机应充分预热，机油温度至少为 80 ℃。

（3）在正式测量前，应采用 3 次自由加速过程吹拂排气系统，以清扫排气系统中的残留污染物。

2. 仪器准备

（1）接通电源预热 30 min。

（2）仪器通过泄露检查。

（3）检测前不透光烟度计应分别进行 0% 和 100% 不透光度检查。

4.1.3 测量步骤

（1）安装取样探头，将取样探头固定在排气管内，插入深度为 400 mm；如不能保证此插入深度，应使用加长管。汽车处于怠速状态。

（2）测量时在 1 s 内迅速踩下车辆的油门踏板，连续完全踩到底，使发动机急剧加速至最高转速，并保持 4 s，然后立即松开油门踏板至怠速状态约 10 s。循环测量 3 次，记录 3 次最大转速和 3 次最大烟度值，取 3 次最大转速的最小值作为实测转速，取 3 次最大烟度值的算术平均值作为测量值。

4.1.4 自由加速不透光烟度法柴油车污染物的排放限值

1. 排放限值

依据 GB 3847—2018，自由加速不透光烟度法柴油车污染物的检测结果应小于表 4-1 规定的排放限值。

表 4-1 自由加速不透光烟度法柴油车污染物的排放限值

类别	自由加速法
	光吸收系数/m^{-1}或不透光度/%
限值 *a*	1.2（40）
限值 *b*	0.7（26）

2. 测量结果判定

（1）采用自由加速工况进行排放检测时，如果光吸收系数或不透光度大于等于规定的排放限值，则判定受检车辆排放不合格。

（2）对于 2018 年 1 月 1 日以后生产车辆，如果 OBD 检验不合格，也判定排放检验不合格。

4.2 加载减速工况法

自由加速工况法在操作时人为影响因素较大。例如，“将油门踏板迅速踩到底，维持 4 s 松开”，这个过程检测人员踩踏板的速度、力量及维持的时间都会因人而异，使得重复性较差；而且自由加速不带负荷，不能反映汽车行驶的真实情况。与自由加速工况法相比，加载减速工况法与实际道路的相关性较好，因此 GB 3847—2018 规定了柴油车首选加载减速工况法进行排放检验，无法采用加载减速工况法的车辆才可使用自由加速工况法。

柴油车加载减速工况法根据所配置底盘测功机的不同，加载减速工况法系统分轻型车和重型车检测系统。轻型车检测系统基于轻型车（总质量为 3 500 kg 以下的压燃式发动机汽车），应能测试最大单轴轴荷为 2 000 kg 的车辆；重型车检测系统基于重型车（总质量为

3 500 kg 以上的压燃式发动机汽车），应能测试最大单轴轴荷为 8 000 kg 的车辆或最大总质量为 14 000 kg 的车辆。对于 6 滚筒的底盘测功机，应能测试最大双轴轴荷为 22 000 kg 的车辆。

加载减速工况污染物排放检测系统（简称 Lug Down 系统）主要依据以下标准：《柴油车污染物排放限值及测量方法（自由加速法及加载减速法）》（GB 3847—2018）规定了加载减速工况测量方法，《柴油车加载减速工况排气烟度测量设备技术要求》（HJ/T 292—2006）规定了底盘测功机、不透光烟度计等设备技术要求。

4.2.1 Lug Down 系统组成

如图 4-1 所示，Lug Down 系统主要由 OBD 诊断仪、发动机转速计、底盘测功机、不透光烟度计、氮氧化物 NO_x 分析仪及环境测量设备等组成。

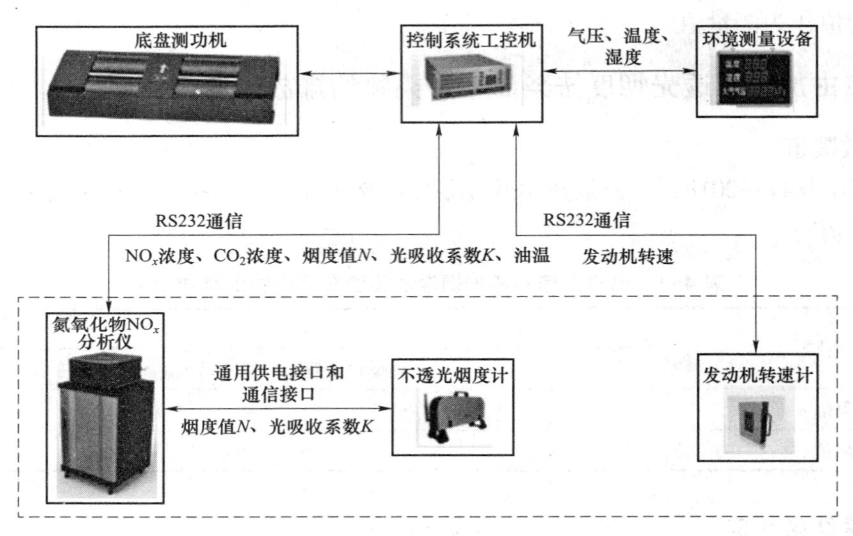

图 4-1　Lug Down 系统组成示意图

主要组成部分及作用如下。

1. 控制系统工控机

控制系统工控机应自动控制底盘测功机对车辆进行加载并处理底盘测功机采集的信号，进行排气烟度和氮氧化物的检测，直接控制不透光烟度计和氮氧化物 NO_x 分析仪。控制系统工控机配备显示器用来显示发动机转速和测功机的吸收率。

2. 底盘测功机

底盘测功机用来承载测试车辆，用主控柜控制功率吸收装置，来模拟车辆行驶阻力。底盘测功机上装有传感器测量车速和扭力，并传输给控制部分进行分析和计算。

3. 不透光烟度计

在测试过程中测量柴油车辆排气管中排出的排气烟度，并将检测结果实时传给主控部分。

4. 氮氧化物 NO_x 分析仪

在测试过程中测量柴油车辆排气管中排出的氮氧化物 NO_x，并将检测结果实时传给主控

部分。

5. 环境测量设备

环境测量设备包括大气压计、温度计和湿度计，用来测量车辆测试环境的大气压力、温度和湿度。

除上述设备外，Lug Down 系统还包括以下安全及辅助装置。

1）助手仪

提供操作指示画面，用以在整个过程中指导驾驶员和操作员按检测规程完成操作。

2）冷却风扇

在车辆进行检测的过程中，利用冷却风扇对车辆进行散热，以免车辆因发动机过热而造成损害。

3）挡车器、地锚和安全带

这两个装置都是测试系统的安全装置。挡车器是用来固定未检轴的位置以免车辆前后窜动；地锚用于安装安全带；安全带固定在被测车辆上，避免车辆高速测量时窜出底盘测功机。

4.2.2 加载减速工况法测试原理

被检车辆驱动轮停放到底盘测功机上，车辆启动，并选择最接近 70 km/h 的挡位。首先，由检验员将油门开度加到最大，车速上升到最大值（70 km/h 左右）。由电气控制系统控制调节功率吸收装置，逐渐加载扫描测量得到最大轮边输出功率及对应轮边转速 VelMaxHp。然后，检验员继续控制油门开度为最大值，电气控制系统控制调节功率吸收装置，使得车速分别稳定在 VelMaxHp、80% VelMaxHp 点，用不透光烟度计分别测得各点的烟度值，用氮氧化物 NO_x 分析仪测得 80% VelMaxHp 点的氮氧化物排放，并给出合格性评价。

4.2.3 加载减速工况法试验方法

排放检测由以下三部分组成。

（1）车辆进行预先检查，以保证受检车辆与行驶证的一致性和进行检测的安全性。

（2）检查检测系统和车辆的状况是否适合进行检测。连接 OBD 诊断仪进行 OBD 检查。在随后的污染物排放检验过程中，不可断开 OBD 诊断仪。

（3）进行排放检测工作。由主控计算机系统控制自动进行，以保证检测过程的一致性和检测结果的可靠性。

每条检测线至少应配备 3 名检测员：1 名检测员操作控制计算机，1 名检测员负责驾驶受检车辆，1 名检测员进行辅助检查。各岗位人员均应随时注意受检车辆在检测过程中是否出现异常情况。

1. 预先检查

待检车辆完成检测登记后，驾驶检测员应将车辆驾驶到底盘测功机前等待检测，并进行车辆的预先检查。检查可分两部分：车辆身份确认和车辆安全检查。车辆预检不合格，不允许进行检测。

车辆安全检查用于确定车辆是否适合进行加载减速测试。检测员应彻底检查车辆的状况，如果出现如表 4-2 所示情况或缺陷，则均不能进行检测。

表 4-2 加载减速工况法安全检查内容

项目	检验内容	判定	项目	检验内容	判定
仪表	1. 里程表失灵		发动机系统	18. 怠速时排气管排出过浓白烟或蓝烟	
	2. 机油压力偏低			19. 供油系统（高压泵、喷油器）故障	
	3. 冷却液温度表失灵			20. 真空管损坏	
	4. 空气制动阀压力偏低			21. 调速器工作不正常	
车辆制动	5. 车辆制动失灵			22. 燃料油位偏低	
				23. 发动机进排气管松脱	
车身和结构	6. 驾驶员在短时间内不能打开车门			24. 发动机排放系统严重泄漏	
	7. 车身的任何部分与车轮和传动轴有接触			25. 发动机异响	
	8. 在加载或减载时，车身部件有可能损坏检测设备		变速器	26. 变速器油严重泄漏	
				27. 变速器存在异响	
发动机系统	9. 无法加满冷却液		驱动轴和轮胎	28. 固定螺钉松动或丢失	
	10. 散热器管路有裂缝			29. 轮胎损坏	
	11. 冷却风扇损坏或无法正常工作			30. 使用翻新轮胎	
	12. 冷却风扇皮带损坏			31. 轮胎间夹杂其他物体	
	13. 发动机机油量不足			32. 轮胎在行驶中不正常膨胀，或轮胎速度等级低于 70 km/h	
	14. 发动机工作过程中机油严重泄漏				
	15. 机油泄漏到排气系统上			33. 使用了不符合尺寸的轮胎	
	16. 涡轮增压器的润滑油泄漏			34. 轮胎有径向或横向裂纹	
	17. 发动机空气滤清器丢失或损坏，或中冷器严重堵塞			35. 轮胎橡胶磨损超过厂商设定的警告线	

不合格项	检验时间	检验员签字
	时 分— 时 分	

填表说明：

（1）“判定”填写“是（Y）”或“否（N）”；存在缺陷填写“是（Y）”，无缺陷填写“否（N）”，不涉及画“—”。

（2）不合格车辆不得上线检测，应进行调试或修理。

在将车辆驾驶上底盘测功机前，检测员还应对受检车辆进行以下调整。

（1）中断车上所有主动型制动功能和扭矩控制功能（自动缓速器除外），对无法中断车上的主动型制动功能和扭矩控制功能的车辆，可采用自由加速法进行排放检测。

（2）关闭车上所有以发动机为动力的附加设备如空调系统，并切断其动力传递机构（如果适用）。

（3）除检测驾驶员外，受检车辆不能载客，也不能装载货物，不得有附加的动力装置。必要时，可以用测试驱动桥质量的方法来判断底盘测功机是否能够承受待检车辆驱动桥的质量。

在检测准备工作中，应特别注意以下事项。

（1）对非全时四轮驱动车辆，应选择正确驱动方式。

（2）对紧密型多驱动轴的车辆，或全时四轮驱动车辆，不能进行加载减速检测，应进行自由加速排气烟度排放检测。

2. 检测系统的检查

检测系统检查的目的是为了判断底盘测功机是否能够满足待检车辆的功率要求，同时检查检测系统的工作状态是否正常。

（1）如果待检车辆通过了规定的预检程序，检测员应按以下步骤将待检车辆驾驶到底盘测功机上。

① 举起测功机升降板，并检查是否已将转鼓牢固锁好。

② 小心将车辆驾驶到底盘测功机上，并将驱动轮置于转鼓中央位置。

注意：除底盘测功机允许双向操作外，一定要按底盘测功机的规定方内驶入，否则有可能损坏底盘测功机；当驱动轮位于转鼓鼓面上时，严禁使用倒挡。

③ 放下底盘测功机升降板，松开转鼓制动器。待完全放下升降板后，缓慢驾车使受检车辆的车轮与试验转鼓完全吻合。

④ 轻踩制动踏板使车轮停止转动，发动机熄火。

⑤ 用挡车器将非驱动轮楔住，固定车辆安全限位装置。对前轮驱动的车辆，应加装挡轮。

⑥ 应为受检车辆配备辅助冷却风扇，掀开大型机动车的发动机舱盖板，保证冷却空气流通顺畅，以防止发动机过热。

（2）检测准备。

① 安装好发动机转速传感器，以测量发动机转速。

② 选择合适的挡位，使油门踏板在最大位置时，受检车辆的最高车速最接近 70 km/h。

（3）由主控计算机判断测功机是否能够吸收受检车辆的最大功率。如果车辆的最大功率超过了测功机的功率吸收范围，不能进行检测。

3. 检测前的最后检查

如果受检车辆顺利通过了上述规定的检测，则可以接着进行下述加载减速排气烟度检测。

（1）在开始检测以前，检测员必须检查用于通信的系统是否能够正常工作。

（2）在车辆散热器前方 1 m 左右放置冷却风扇。除检测员外，在检测过程中，其他人员不得在测试现场逗留。

（3）发动机应充分预热。如果测得发动机机油温度低于 80 ℃或厂家规定的热状态，应进行发动机预热操作。

（4）发动机熄火，变速器置空挡，将不透光烟度计的采样探头置于大气中，检查不透光烟度计的零刻度和满刻度。检查完毕后，将合适尺寸的采样探头插入受检车辆的排气管中。注意连接好不透光烟度计，采样探头的插入深度不得低于 400 mm。

不应使用太大尺寸的采样探头，以免受检车辆的排气背压过大，影响输出功率。在检测过程中，必须将采样气体的温度和压力控制在规定的范围内，必要时可对采样管进行适当冷却，但要注意不能使测量室内出现冷凝现象。

4. 加载减速工况法测试过程

1）控制系统获取初始数据

（1）启动发动机，变速器置空挡，逐渐加大油门踏板直到开度最大，并保持在最大开度状态，记录这时发动机的最大转速，然后松开油门踏板，使发动机回到怠速状态。

（2）使用前进挡驱动被检车辆，选择合适挡位，使油门踏板处于全开位置时，底盘测功机指示的车速接近 70 km/h，但不能超过 100 km/h。对装有自动变速器的车辆不得使用超速挡进行测量。

（3）计算机对按照上述步骤操作获得的数据自动进行分析，判断是否可以继续进行检测。所有判定不适合检测的车辆都不允许进行加载减速烟度检测。

2）控制系统实施自动检测

在确认汽车可以进行排放检验后，将底盘测功机切换到自动检测状态。

（1）加载减速测试的过程完全自动化。在整个检测循环中，全部由计算机控制系统自动完成对底盘测功机加载减速过程的控制。

（2）自动控制系统采集两组检测状态下的检测数据，两组数据分别在 VelMaxHP 工况点和 80% VelMaxHP 工况点获得。控制系统将不同工况点的测量结果与排放限值进行比较，并进行合格性判定。

检测开始后检测员应始终将油门保持在最大开度状态，直到检测系统通知松开油门为止。

（3）检测结束后，自动打印检测报告并存档。

（4）按下列步骤将受检车辆驶离底盘测功机：

① 从受检车辆上取下所有测试和保护装置；

② 若发动机舱盖已打开，将其复位；

③ 举起底盘测功机举升器，锁住转鼓；

④ 去掉车轮挡块，移开冷却风扇，将车辆驶离底盘测功机。

3）检测过程注意事项

（1）检测过程中，检测员应实时监控发动机冷却液温度和机油压力。一旦冷却液温度超出了规定的温度范围，或者机油压力偏低时，都必须立即暂时停止检测。冷却液温度过高时，检测员应立即松开油门踏板，将变速器置空挡，使车辆停止运转，然后使发动机在怠速工况状态下运转，直到冷却液温度重新恢复到正常范围。

（2）检测过程中，检测员应时刻注意受检车辆或检测系统的工作情况，一旦异常，必须立即暂时停止检测，查找原因。

4.2.4 加载减速工况法检测控制系统软件要求

1. 驾驶员司机助显示

实施检测前驾驶员司机助至少应有以下提示：车辆是否预检，车辆预热情况，驱动形式，驱动轮是否干燥清洁，车辆是否限位，前驱车辆是否已使用驻车制动，是否安装转速计，是否调零/量距检查，是否插入取样探头，ASR/ATC 功能是否关闭等。为了确保检测安全，每一步必须由人工确认。

2. 环境条件检测

（1）监控环境条件的传感器必须安装在与受检车辆一致的环境中。由计算机控制的环境测量仪器自动完成对环境温度、大气压力、环境湿度的检测，结果自动输入到参数表中，各参数测量结果应为检测期间所有检测结果的平均值。

（2）在检测期间，如果环境温度超过 42 ℃，应自动中止检测，并且显示以下信息“检测暂停：检测环境温度状况不适合进行检测”。

3. 软件控制下的自动检测流程

（1）检测软件控制系统应允许检测员通过人工操作返回到前面的检测界面，并重复先前已经进行的检测进程而不用重新登录车辆信息等。

（2）检查底盘测功机功率吸收装置（PAU）处于较低的负荷（与速度成线性关系），其上限的缺省值不超过 10 kW（在 70 km/h 速度时）。

（3）提醒驾驶检测员选择合适的挡位，将油门踏板置于全开位置，车速应尽可能接近 70 km/h。如果两个挡位的接近程度相同，检测时需选用低速挡。对装有自动变速器的车辆选用 D 档，不得使用超速挡。

（4）油门踏板全开，发动机转速稳定后，检测员按下相应的检测开始键，控制程序将此时的发动机转速设定为最大发动机转速（MaxRPM），并根据输入的发动机额定转速，计算最大功率下的转鼓线速度（VelMaxHP），如式（4-1）所示。

$$\text{VelMaxHP} = \text{当前转鼓线速度} \times \text{发动机额定转速} / \text{MaxRPM} \tag{4-1}$$

（5）根据式（4-2）确定所需最小轮边功率。

$$\text{所需最小轮边功率} = \text{发动机标定功率} \times (100\% - \text{功率损失百分比}) \tag{4-2}$$

如果没有特殊要求，功率损失百分比的默认值是 60%。在底盘测功机功率吸收装置加载之前，通过输入的发动机标定转速和发动机标定功率确定转鼓表面的最大力和底盘测功机功率吸收装置的吸收功率。在进行污染物检测前确认转鼓和底盘测功机功率吸收装置是否可以接受该力和功率。如果最大力或功率超过了底盘测功机的检测能力，应中止测试程序并输出下列信息“检测暂停：要求的吸收功率/力超过了测功机的检测能力”。

（6）如果通过了上述检测，检测控制系统将自动控制底盘测功机功率吸收装置开始加载减速过程。

（7）首先从记录的 MaxRPM 转速开始进行功率扫描，以确定实际峰值功率下的发动机转速。在速度控制模式下，当转鼓速度大于计算的 VelMaxHP 时，速度变化率不得超过 ±0.5 km/h；如果转鼓速度低于计算的 VelMaxHP 时，速度变化率不得超过 ±1.0 km/h。在功率扫描过程中，转鼓的速度变化率都不得超过 ±2.0 km/h。

如果采用动态扫描的方法进行发动机的功率曲线扫描，必须在发动机转速处于 MaxRPM 时开始扫描。制定的平均扫描速率通常为每秒小于 2.0 km/h。

（8）真实 VelMaxHp 的确定：进行功率扫描时，在功率随发动机转速变化的实时曲线上确定最大轮边功率，并将扫描得到最大轮边功率时的转鼓线速度记为真实的 VelMaxHP。

（9）在获得真实的 VelMaxHP 之后，应当继续进行功率扫描过程，直到转鼓线速度比实际的 VelMaxHP 低 20% 为止。

（10）在结束了功率扫描并确定了真实的 VelMaxHp 后，控制系统立即改变 PAU 负载，并控制转鼓速度回到真实的 VelMaxHP 值，以进行加载减速检测。系统按照同样的次序完成对以下 2 个速度段的检测：真实的 VelMaxHP 和 80% 的 VelMaxHP。在两个检测工况的过渡过程中，转鼓速度变化率每秒最大仍不能超过 2.0 km/h。

（11）将在上述两个检测速度段的测量得到的光吸收系数 k、发动机转速、转鼓线速度和 VelMaxHP 工况点轮边功率以及 80% VelMaxHP 工况点测量得到的 NO_x 数据作为检测结果。在每个检测点，在读数之前转鼓速度应至少稳定 3 s，光吸收系数 k 和 NO_x、发动机转速和轮边功率数据则需在转鼓速度稳定后读取 9s 内的平均值。

（12）在采样期间，转鼓速度需稳定在目标值的±0.5%的范围内。

（13）加载检测过程结束后，控制系统应及时提示驾驶员松开油门踏板并换到空挡，但是不允许使用任何车辆制动装置。

（14）在关闭发动机之前，将车辆置于怠速状态至少 1 min，控制系统应自动记录怠速转速数据。

（15）数据处理。

① 氮氧化物 NO_x 测量结果计算。

排放测试结果应进行湿度校正，计算连续 9 s 的算术平均值。

测量结果计算公式如下：

$$C_{NO_x}=\frac{\sum_{i=1}^{9}[C_{NO_x}(i)\times k_H(i)]}{9} \tag{4-3}$$

式中：C_{NO_x}——NO_x 排放平均浓度，10^{-6}；

$C_{NO_x}(i)$——第 i 秒 NO_x 测量浓度，10^{-6}；

$k_H(i)$——第 i 秒湿度校正系数。

湿度校正系数 k_H 计算公式如下：

$$k_H=\frac{1}{1-0.0329\times(H-10.71)}$$

式中：k_H——湿度校正系数。

$$H=\frac{6.2111\times R_a\times P_d}{P_B-\left(P_d\times\frac{R_a}{100}\right)} \tag{4-4}$$

H——绝对湿度，$g_{水}/kg_{干空气}$；

R_a——环境空气的相对湿度，%；

P_d——环境温度下饱和蒸气压，kPa；

P_B——大气压力，kPa。

② 检测系统应对检测记录中记录的原始光吸收系数 k 和氮氧化物 NO_x、发动机转速和吸收功率数据进行自动处理，不允许对上述数据进行任何人工修改。

③ 从两个加载减速速度段检测记录的数据组中，筛选出真实 VelMaxHp 下的发动机转速、转鼓转速、吸收功率和光吸收系数 k 数据，并筛选出 80% VelMaxHP 下的相应数据氮氧化物 NO_x。

④ 根据系统自动记录的环境温度、环境湿度（相对湿度）和大气压力对测量得到的吸收功率进行修正，吸收功率的修正公式如式（4-5）所示。

$$p_c = p_0 (f_a)^{f_m} \tag{4-5}$$

式中：p_c——修正功率，kW；

p_0——实测功率，kW；

f_a——大气修正系数；

f_m——发动机系数；选取 $f_m = 1.2$。

对自然吸气式和机械增压发动机：

$$f_a = \left(\frac{99}{B_d}\right)\left(\frac{t+273}{298}\right)^{0.7} \tag{4-6}$$

对涡轮增压或涡轮增压中冷发动机有：

$$f_a = \left(\frac{99}{B_d}\right)^{0.7}\left(\frac{t+273}{298}\right)^{1.5} \tag{4-7}$$

式中：B_d——环境干空气压力，kPa；

t——进气温度，℃。

4. 程序的故障安全特征

（1）启动加载减速程序后，控制系统将以不少于 10 Hz 的采样频率检测转鼓表面制动力、发动机转速和转鼓速度，并实时计算出发动机转速和滚筒转速的比值。当检测进程和汽车上的负荷发生变化时，该比值的变化应当不超过±5%。

（2）如果发动机转速和滚筒转速的比值突然发生变化并伴随滚筒表面制动力的突然下降，此时控制系统应降低 PAU 电流，直到轮胎和滚筒开始加载减速，并且发动机转速和滚筒转速的比值重新恢复到正常水平为止。如果在 3 s 内校正程序不能将检测条件恢复到正常水平上，程序须立即将 PAU 电流设置为零。

（3）在加载减速检测过程中，无论出于何种原因，若驾驶检测员试图松开油门踏板，自动检测程序应提前终止。

4.2.5 加载减速工况法排气污染物排放限值

1. 排放限值

依据 GB 3847—2018，自由加速不透光烟度法柴油车污染物的排放限值检测结果应小于表 4-3 规定的排放限值。

表 4-3 自由加速法不透光烟度法柴油车污染物的排放限值

类别	加载减速法	
	光吸收系数/（m^{-1}）或不透光度/（%）①	氮氧化物/（$\times 10^{-6}$）②
限值 a	1.2（40）	1 500
限值 b	0.7（26）	900

注：① 海拔高度高于 1 500 m 的地区加载减速法可以按照每增加 1 000 m 增加 0.25 m^{-1} 幅度调整，总调整不得超过 0.75 m^{-1}；

② 2020 年 7 月 1 日前限值 b 过渡限值为 1 200×10^{-6}。

2. 测量结果判定

（1）采用加载减速工况进行排放检测时，如果在 2 个工况点（即 VelMaxHP 点和 80% VelMaxHP 点）测得的光吸收系数 k 或不透光度和氮氧化物 NO_x 中，有一项大于等于规定的排放限值，则判定受检车辆排放不合格。

（2）如果受检车辆在功率扫描过程中，经修正的轮边功率测量结果低于制造厂规定的发动机额定功率的 40%，也被判定为排放不合格。

（3）对于 2018 年 1 月 1 日以后生产的车辆，如果 OBD 检验不合格，也判定排放检验不合格。

4.2.6 加载减速工况法无法检测的压燃式发动机车辆

依据 GB 3847—2018 的规定及目前我国工况法所配置底盘测功机的局限性，加载减速工况法无法对以下车型进行检测，否则会破坏这些车辆的四轮驱动系统、防抱死制动系统和牵引力控制系统等。对于无法进行加载减速工况法检验的车辆，应采用自由加速法进行检测。

（1）无法手动切换两驱驱动模式的全时四驱车和适时四驱车。

（2）不能中断车上主动型制动功能和扭矩控制功能（自动缓速器除外）的车辆。如牵引力控制系统 TCS、驱动防滑控制装置 ASR（TRC）、电子稳定控制系统 ESP 不能中断的车辆。

（3）不能关闭车上以发动机为动力和扭矩的附加设备，或不能切断其动力传递机构的车辆。例如，吊车、消防车、工程车装有特种装备的车辆，以及油、气运输车辆等。

（4）紧密型多驱动轴的车辆。

4.3 低速汽车自由加速工况滤纸式烟度法检验

《农用运输车自由加速烟度排放限值及测量方法》（GB 18322—2002）规定的检验方法（选择滤纸式烟度计），适用于压燃式发动机在用低速汽车及三轮汽车部分。

1. 受检车辆准备

同 4.1.2 节。

2. 测量前准备

（1）用压力为 300 ～ 400 kPa 的压缩空气清洗取样管路。

（2）抽气泵置于待抽气位置。

（3）将清洁的滤纸置于待取样位置，并将滤纸夹紧。

3. 循环组成

（1）抽气泵抽气：由抽气泵开关控制，抽气动作应和自由加速工况同步。

（2）滤纸走位：每次抽气完毕后应松开滤纸夹紧机构，把烟样送至试样台。

（3）抽气泵回位：可以手动也可以自动，以准备下一次抽气。

（4）滤纸夹紧：抽气泵回位后，手动或自动将滤纸夹紧。

（5）指示器读数：烟样送至试样台后，由指示器读出烟度值。

4. 循环时间

应于 20 s 内完成（循环组成）所规定的循环。对于手动烟度计，指示器读数可以在完

成（测量程序）后一并进行。

5. 清洗管路

在（按测量程序）完成 3 个测量循环以后，用压力为 300 ～ 400 kPa 的压缩空气清洗取样管路。

6. 测量程序

（1）检查试验发动机的最高空载转速必须达到规定值，并记录。

（2）安装取样探头：将取样探头固定于排气管内，插入深度为 300 mm，并使其中心线与排气管轴线平行。

（3）吹除存积物：按第（4）步规定进行 3 次不测量的循环，以清除排气系统中积存的碳烟。

（4）测量取样：将抽气泵开关（踏板触发开关）置于油门踏板上，柴油发动机于怠速工况（发动机运转，离合器处于接合位置，油门踏板与手油门处于松开位置，变速器处于空挡位置），将踏板触发开关和油门踏板迅速踩到底，维持 4 s 后松开，完成 1 次测量。

（5）按第（4）步循环连续测量 3 次，3 次测量结果的算术平均值即为所测烟度值。

（6）当被测车辆发动机存在黑烟冒出排气管的时间与抽气泵开始抽气的时间不同步的现象时，应取最大烟度值。

7. 自由加速工况滤纸式烟度法低速柴油车（原农用运输车）污染物的排放限值规定

在用农用运输车排气烟度排放限值见表 4-4。

表 4-4　在用农用运输车排气烟度排放限值

实施阶段	实施日期	烟度值/Rb	
		装用单缸柴油机	装用多缸柴油机
1	2002. 07. 01 前生产	6. 0	4. 5
2	2002. 07. 01—2004. 06. 30 生产	5. 5	4. 5
3	2004. 07. 01 起生产	5. 0	4. 0
进入城镇建成区的在用农用运输车	2002. 07. 01—2004. 06. 30	4. 5	
	2004. 07. 01 起生产	4. 0	

注：（1）连续 3 次测量结果的算术平均值不超过上述标准对应的排放限值，则为合格。

（2）进入城镇建成区的在用农用运输车，实施限值的城镇范围由省人民政府决定。

思 考 题

1. GB 3847—2018 规定，柴油车检测的设备有哪几种？分别检测哪些参数？
2. 简述 GB 3847—2018 规定的排放检测时汽车的工况条件。
3. 简述 GB 3847—2018 规定的柴油车自由加速法检测程序及判断标准。
4. 什么是加载减速法？简述加载减速法检测系统的组成及各自的作用。
5. 简述 GB 3847—2018 规定的加载减速法测量程序及判断标准。
6. 简述滤纸式烟度计的检测步骤及判断标准。

第5章　车载诊断OBD系统检查

学习目标

1. 了解车载诊断OBD系统的作用、特点，熟悉OBD检查数据项；
2. 熟悉OBD诊断仪技术要求；
3. 掌握OBD系统的检查程序。

车载诊断OBD（onboard diagnostic system，OBD）系统（以下简称OBD系统）属于污染物控制装置，该系统可随时监测多个系统和部件，包括发动机、催化转化器、颗粒捕集器、氧传感器、排放控制系统、燃油系统、GER和尾气后处理装置的工作状态。当车辆出现排放故障时，ECU（electronic control unit，电子控制单元，也称车载电脑）会记录故障信息和相关代码，通过故障灯发出警告，告知驾驶员。ECU通过标准的诊断仪器和诊断接口可以以故障码的形式读取相关信息。根据故障码的提示，可帮助维修人员迅速准确地确定故障性质和部位，因此有效利用车载诊断OBD系统的检验，在国际上是用车管理的发展方向。

GB 18285—2018和GB 3847—2018两项排放标准均规定注册登记、在用汽车OBD检查，自2019年11月1日起实施。

5.1　OBD概述

OBD技术最早起源于20世纪80年代的美国，欧洲各国和日本在2000年以后引入OBD技术。美国与欧洲各国OBD检测的项目和限值方面存在一定的差异，美国OBD检测的目的在于成为高排放标准车辆之前发现故障；欧洲各国OBD检测的目的在于发现高排放车辆。

我国从2007年7月1日开始，全国强制实施国Ⅲ排放标准（即国家第三阶段机动车污染物排放标准）。此标准要求所有汽车生产厂家生产的新车型必须符合国Ⅲ排放标准，否则不允许销售，而国Ⅲ排放标准里强制要求安装OBD系统。

国Ⅲ排放标准参照欧Ⅲ标准，采用OBD系统来监控车辆实际使用状况。该系统的特点在于检测点增多、检测系统增多，且在三元催化转化器的进出口上都有氧传感器。目前我国采用的OBD系统等效地采用欧洲各国OBD系统的相关规定。

汽车的OBD接口（也称为诊断座）为十六针接口，形状为梯形。常见的OBD接口为黑色、白色或者蓝色，部分车型OBD接口上有护盖。OBD接口一般在主驾驶室内，多见于方

向盘的左下方，如图5-1所示；也有部分车辆OBD接口在其他位置，如油门踏板上方、中控台下挡杆前方等。

图5-1　OBD接口位置

5.2　OBD检查及判定要求

依据GB 18285—2018和GB 3847—2018两项排放标准的规定，对配置OBD系统的在用汽车，在完成外观检验后、排放检验前应该连接OBD诊断仪，对受检车辆OBD系统进行检查，然后进行排放检验。在排放检验过程中，OBD诊断仪持续读取车辆OBD故障信息和相关数据流，直到排放检验结束；OBD信息传送结束后，方可断开OBD诊断仪。

OBD检查项目包括：故障指示器状态，诊断仪实际读取的故障指示器状态，故障代码，MIL（malfunction indicator lamp，故障指示灯）灯被点亮后行驶里程和诊断就绪状态值。检查时应使用计算机数据管理系统存储所有被检车辆OBD数据，不得人为篡改数据。

若车辆存在故障指示器故障（含电路故障）、故障指示器激活、车辆与OBD诊断仪之间通信故障、仪表板故障指示器状态与ECU中记载的故障指示器状态不一致时，均判定OBD检查不合格。如果诊断就绪状态项未完成项超过2项，应要求车主在对车辆充分行驶后进行复检（注意：注册登记检验时，OBD检查不对诊断就绪状态进行要求）。如车辆污染控制装置被移除，而OBD故障指示灯未点亮报警的，视为该车辆OBD不合格。

对要求配置远程排放管理车载终端的在用汽车，应查验其装置的通信是否正常。

5.3　OBD诊断仪技术要求

OBD诊断仪作为与车辆OBD系统进行通信、获取并显示数据和信息所必要的工具，必须满足ISO 15034-4和SAE J 1978中规定的相关功能性技术要求，应能实现对OBD检查数据的实时自动传输，OBD诊断仪获得的信息应自动保存到计算机系统中。

5.3.1 基本功能

（1）至少应支持 ISO 9141-2、SAE J 1850、ISO 14230-4、ISO 15765-4 四种通信协议。

（2）能够与车辆 OBD 系统建立通信，提供 OBD 系统诊断服务用的通信连接接口，与车辆通信的接口应满足 ISO 15031-3 和 SAE J 1962 的规定。

（3）信息结构应符合 ISO 15031-5 中的信息结构和 ISO 15031-6 诊断故障码要求；能连续获得、转换和显示与车辆排放相关的 OBD 故障代码，应按照 ISO 15031-6 中的描述显示故障代码及故障信息；能获取并显示 OBD 系统与排放有关的测试参数和结果。

（4）能够获取车辆基本信息，包括车辆识别代码 VIN、校准标识 CALID、校准验证码 CVN（如果适用）等；能获取并显示 SAE J 1979 规定的各部件/系统的准备就绪状态信息。对诊断项目完成情况按如下方式描述：支持的诊断项目完成情况应描述为完成或未完成，不支持的诊断项目完成情况应描述为不适用。

（5）能获取并显示当前数据流信息，能获取故障指示器状态，能获取并显示产生故障存储的冻结帧数据。

（6）不可具有清除 OBD 相关故障代码、冻结帧数据，以及发生 MIL 灯点亮后的行驶里程等相关数据的功能。

5.3.2 其他功能

1. 快速检查功能

应在 60 s 的时间内完成车辆 OBD 接口访问，自动读取故障代码信息、故障指示器状态、MIL 灯点亮后行驶里程，并输出上述结果。如图 5-2 所示。

OBD检查信息	
故障代码信息	无故障代码
其他信息	MIL灯亮后行驶里程(km):246
结束测试	

图 5-2　MIL 灯点亮后行驶里程举例

2. 自动数据传输功能

应在 60 s 的时间内完成数据传输。所传输的数据包括但不限于：受检车辆信息（包括车辆号牌、VIN、CALID、CVN 等）、与排放相关的故障代码、各零部件诊断就绪状态、各零部件或系统的 IUPR（车载排放诊断系统实际监测频率）分子和分母数据、MIL 灯点亮后行驶里程、故障指示器状态、故障发生时存储的冻结帧数据、排放检测过程中的相关数据流等。

3. 升级功能

可根据使用中遇到的问题和排放标准的修订，及时对 OBD 诊断仪进行远程升级。

OBD 诊断仪除应满足以上功能外，还可具备更多功能，但应确保增加的功能不影响该仪器的其他功能及此仪器连接的车辆功能。

5.4 OBD 检查数据项

OBD 检查数据项除上述车辆信息、OBD 相关信息、故障和故障代码及就绪状态描述外，还包括 IUPR 相关数据和实时数据流。

5.4.1 IUPR 相关数据

每一项 IUPR 数据应记录监测项目名称、监测完成次数、符合监测条件次数及 IUPR 率。

1. 汽油车 IUPR 相关数据

具体包括对以下结构或系统的监测：催化器组 1，催化器组 2，前氧传感器组 1，前氧传感器组 2，后氧传感器组 1，后氧传感器组 2，EVAP（燃油蒸发排放控制系统），EGR（排气再循环）和 VVT（可变气门正时系统），GPF（汽油微粒过滤器）组 1，GPF 组 2，二次空气喷射系统。

2. 柴油车 IUPR 相关数据

具体包括：NMHC（非甲烷烃）催化器监测，NO_x 催化器监测，NO_x 吸附器监测，PM（颗粒物）捕集器监测，废气传感器监测，EGR 和 VVT 监测，增压压力监测。

5.4.2 实时数据流

1. 汽油车实时数据流

逐秒上传的检验过程数据流，至少应包括以下项目：节气门绝对开度（%）、计算负荷值（%）、前氧传感器信号（mV/mA）或过量空气系数 λ、车速（km/h）、发动机转速（r/min）、进气量（g/s）或进气压力（kPa）。

2. 柴油车实时数据流

逐秒上传的检验过程数据流，至少应包括以下项目（如适用）：油门开度（%）、车速（km/h）、发动机输出功率（kW）、发动机转速（r/min）、进气量（g/s）、增压压力（kPa）、耗油量（L/100 km）、氮氧传感器浓度（10^{-6}）、尿素喷射量（L/h）、排气温度（℃）、颗粒捕集器压差（kPa）、EGR 开度（%）和燃油喷射压力（MPa）。

5.5 OBD 系统检查程序

OBD 系统检查应安排在外观检查之后、排放检验之前，车辆 OBD 系统检验合格后再进行排放检验。排放检验时，OBD 诊断仪不断开。

5.5.1 确认车型

在对车辆进行 OBD 检查前，首先应确认该车型是否为配置 OBD 系统的车型。车型确认之后，如发现 OBD 故障指示器（MIL 灯）被点亮，则要求车主维修后再进行排放检验。OBD 检查流程示意图如图 5-3 所示。

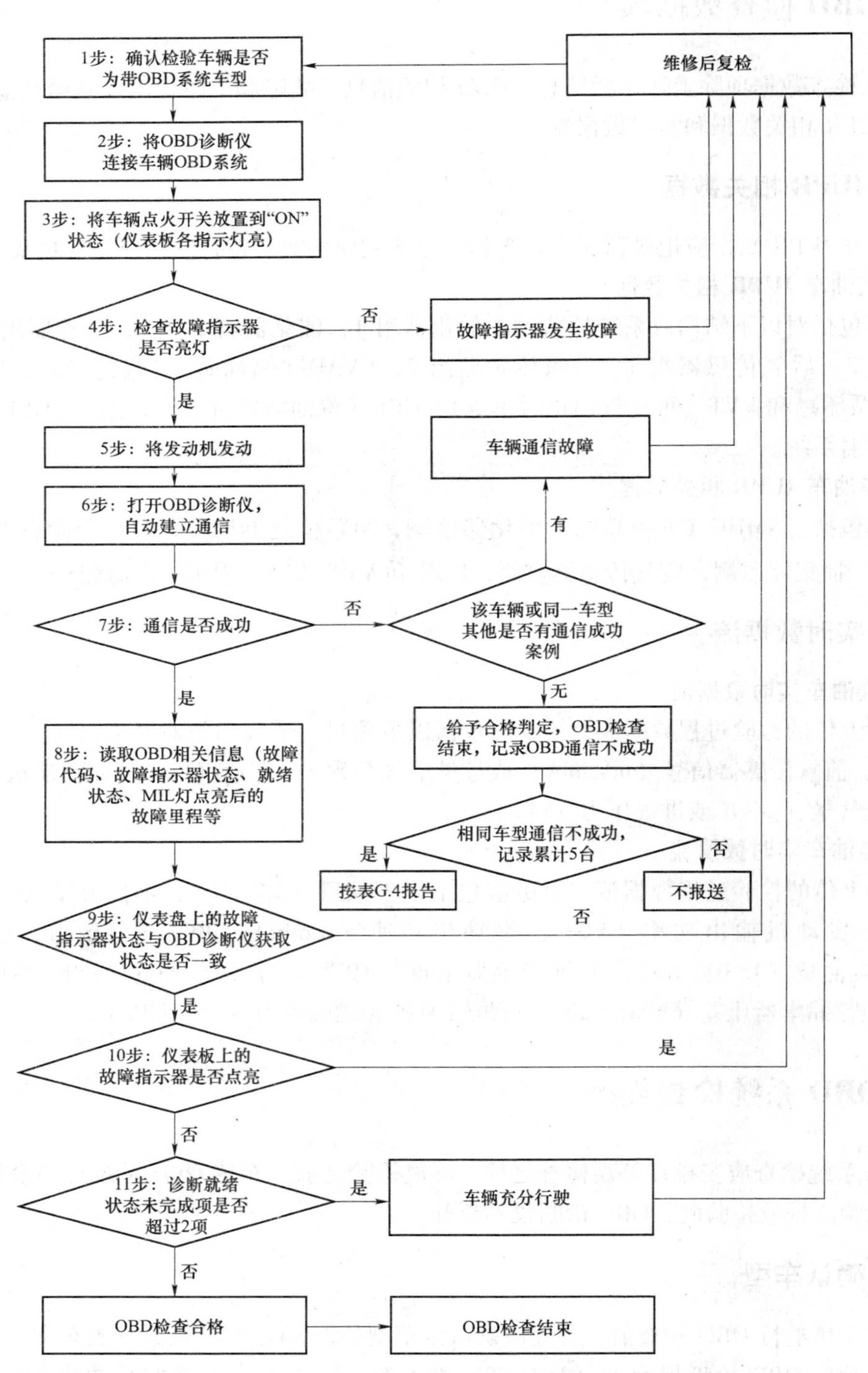

表 G. 4 是指 GB 18285—2018 附录 G 中表 G. 4 集中超标车型环保查验记录表。

图 5-3　OBD 检查流程示意图

5.5.2 检查故障指示器（目测法）

目测检查仪表板上的故障指示器的状态，初步判断车辆 OBD 系统的故障指示器指示系统的工作是否正常。

（1）将车辆点火开关放置到“ON”状态进行自检。此时仪表盘 MIL 灯应被激活，暂时点亮或闪烁（国Ⅵ标准 OBD 点亮模式为闪烁），如图 5-4 所示。如 MIL 灯可以点亮（包含闪烁或点亮片刻后熄灭），则 OBD 故障指示器检查合格；若故障指示器没有被激活，则判定 OBD 检查不合格。

图 5-4　发动机自检

（2）启动发动机。若 MIL 灯持续点亮或闪烁，则判定 OBD 检查不合格，表明车辆存在排放相关故障，需检查维修后才能进行排放检验。

5.5.3 OBD 诊断仪的检查

发动机应充分预热，保持发动机处于怠速状态，将 OBD 诊断仪与 OBD 接口连接。

（1）打开 OBD 诊断仪开关，进行 OBD 通信检查，实现下述功能。

① 通过 OBD 接口实时读取发动机的转速，并可用于测试过程中的转速监控。

② 通过 OBD 接口读取车辆发动机电控单元中的故障代码，并与检测系统数据库中的数据进行比较，确认故障代码是否与车辆的排放控制装置有关。

③ 在排放测试过程中，检测系统可以通过 OBD 接口实时监控车辆电控单元中的故障代码和相关数据流信息，并可以将测试过程中出现的故障代码与检测系统数据库中的数据进行比较，确认故障代码是否与车辆的排放控制装置有关。

（2）如 OBD 诊断仪与车辆 OBD 接口连续两次尝试通信失败，应按照以下步骤进行判定。

① 检查 OBD 诊断仪中的故障指示器激活状态与仪表板上的 MIL 灯状态是否一致。如不一致，则判定 OBD 检查不合格。若故障指示器激活，应记录并上报对应确认故障代码。

② 通过 OBD 诊断仪查看诊断就绪状态。如果未完成项超过 2 项，让车主充分行驶后进行复检。

（3）OBD 诊断仪将读取到的 OBD 检查数据项自动发送到主控计算机，并进行数据上传，OBD 检查结束。

（4）OBD 系统检查合格后进行排气污染物检验。排气检验时应保持与 OBD 诊断仪连接，读取发动机工作实时数据流。

5.6 检查数据项目

OBD 系统检查结束后应完成表 5-1 及表 5-2 要求的记录填写。

表 5-1 汽油车 OBD 检查记录表

<table>
<tr><td colspan="3">（1）车辆信息</td></tr>
<tr><td colspan="3">车辆 VIN</td></tr>
<tr><td colspan="2">发动机控制单元 CAL ID（如适用）</td><td>发动机控制单元 CVN（如适用）</td></tr>
<tr><td colspan="2">后处理控制单元 CAL ID（如适用）</td><td>后处理控制单元 CVN（如适用）</td></tr>
<tr><td colspan="2">其他控制单元 CAL ID（如适用）</td><td>其他控制单元 CVN（如适用）</td></tr>
<tr><td colspan="3">（2）OBD 检查信息</td></tr>
<tr><td rowspan="5">OBD 故障
指示器状态</td><td>OBD 故障指示器</td><td>□合格 □不合格</td></tr>
<tr><td rowspan="2">与 OBD 诊断仪通信情况</td><td>□通信成功</td></tr>
<tr><td>□通信不成功，填写以下原因：
□找不到接口 □接口损坏 □连接后不能通信</td></tr>
<tr><td>OBD 系统故障指示器被点亮</td><td>□是 □否</td></tr>
<tr><td>故障代码及故障信息（如果故障指示器被点亮）</td><td>故障信息保存上报</td></tr>
<tr><td>诊断就绪状态</td><td>诊断就绪状态未完成项目</td><td>□无 □有
如有填写以下项目：
□催化器 □氧传感器 □氧传感器加热器
□废气再循环（EGR）/可变气门 VVT</td></tr>
<tr><td>其他信息</td><td colspan="2">MIL 灯点亮后行驶里程（km）：</td></tr>
<tr><td rowspan="4">检测结果</td><td colspan="2">□合格 不合格 □按表 G.4 报告，判定车辆通过</td></tr>
<tr><td rowspan="2">是否需要复检</td><td>□否</td></tr>
<tr><td>□是 复检内容：</td></tr>
<tr><td>复检结果</td><td>□合格 □不合格</td></tr>
</table>

注：G.4 报告从 GB 18285—2018 中查找。

表 5-2 柴油车 OBD 检查记录表

<table>
<tr><td colspan="3">（1）车辆信息</td></tr>
<tr><td colspan="3">车辆 VIN</td></tr>
<tr><td colspan="3">车辆 OBD 信息：发动机控制单元中 CAL ID，CVN（如适用）；后处理控制单元（如适用）CAL ID，CVN；其他控制单元的 CAL ID，CVN</td></tr>
<tr><td colspan="3">（2）检测信息</td></tr>
<tr><td rowspan="5">OBD 故障指示器</td><td>OBD 故障指示器</td><td>□合格 □不合格</td></tr>
<tr><td rowspan="2">与 OBD 诊断仪通信情况</td><td>□通信成功</td></tr>
<tr><td>□通信不成功，填写以下原因：
□接口损坏 □找不到接口 □连接后不能通信</td></tr>
<tr><td>OBD 系统故障指示器点亮</td><td>□是 □否</td></tr>
<tr><td>故障代码及故障信息（若故障指示器报警）</td><td>故障信息保存上报</td></tr>
<tr><td>诊断就绪状态</td><td>就绪状态未完成项目</td><td>□无 □有
如有填写以下项目：
□SCR □POC □DOC □DPF
□废气再循环（EGR）</td></tr>
<tr><td>其他信息</td><td colspan="2">MIL 灯点亮后行驶里程（km）：</td></tr>
<tr><td rowspan="4">检测结果</td><td colspan="2">□合格 不合格 □按表 F.4 报告，判定车辆通过</td></tr>
<tr><td rowspan="2">是否需要复检</td><td>□否</td></tr>
<tr><td>□是 复检内容：</td></tr>
<tr><td>复检结果</td><td>□合格 □不合格</td></tr>
</table>

注：① SCR—选择性催化还原装置；POC—颗粒物催化氧化转化器；DOC—氧化型催化转换器；DPF—颗粒过滤器。
② F.4 报告从 GB 18285—2018 中查找。

思考题

1. 车辆自检应被激活的 MIL 灯是指哪种灯？其被激活的亮灯模式是什么？
2. OBD 诊断仪应能自动读取哪些信息？
3. 汽油车和柴油车的实时数据流有哪些？
4. 简述 OBD 系统检查流程。
5. 哪几种情况下，OBD 系统检查应被判定为不合格？

第6章 汽车排气后处理装置

学习目标

1. 了解汽油车三元催化装置的结构、原理及特点；
2. 掌握汽油车三元催化装置失效的原因，了解三元催化装置的故障诊断方法；
3. 了解三种柴油车排气后处理装置的结构、原理、特点，掌握其使用要点。

为了从根本上减少气体排放，各国都一直致力于研究和推广汽车新技术，并不断取得进展。由于通过改进内燃机设计和优化工作过程来降低污染物的排放有一定的限度，世界各国都先后开发了排气后处理装置，在不影响或少影响其他性能的同时，降低污染物的排放。排气后处理装置是指安装在发动机排气系统中，能通过各种理化作用来降低排气污染物排放量的装置。

汽车排气后处理装置最成功的是汽油机用的三元催化装置。对于柴油车，《环境保护产品技术要求　柴油车排气后处理装置》（HJ 451—2008）中规定了氧化型催化转换器（DOC）、颗粒过滤器（DPF）和选择性催化还原装置（SCR）共三种柴油车排气后处理装置的主要技术要求和试验方法。

2019年7月1日起，各地纷纷实施汽车国六标准。国六除了对 NO_x 和PM排放进行了更严格的规定外，还规定了CO、HC、NH_3等排放限值，同时还增加对PM排放的监控，这就对汽车加装排气后处理装置的要求更加严格。要满足国六标准要求，车辆就必须加装一种或组合式排气后处理装置。下面，按汽油车和柴油车分别予以介绍。

6.1 汽油车三元催化装置

三元催化装置是安装在汽车排气系统中最重要的机外净化装置。它可将汽车尾气排出的CO、HC和 NO_x 等有害气体通过氧化和还原作用转变为无害的 CO_2、H_2O 和 N_2，故称之为三元（效）催化装置。由于这种催化装置可同时将废气中的主要有害物质转化为无害物质，随着环境保护要求的日益严格，越来越多的汽车安装了废气催化装置及氧传感器。三元催化技术的使用使车用汽油机的CO、HC和 NO_x 排放量削减了80%～90%，已成为发达国家汽油车的必备装置。

6.1.1 三元催化装置的结构及原理

1. 三元催化装置的结构

三元催化装置的结构包括金属壳体、蜂窝陶瓷载体、活性物（催化剂）和隔温层。其

中，蜂窝陶瓷载体作为活性物的附着结构，由许多平行的薄壁小通道构成一个整体。这一设计具有气流阻力小、比表面积大、密度小、热膨胀系数小和耐高温等优点。

三元催化装置结构如图 6-1 所示。

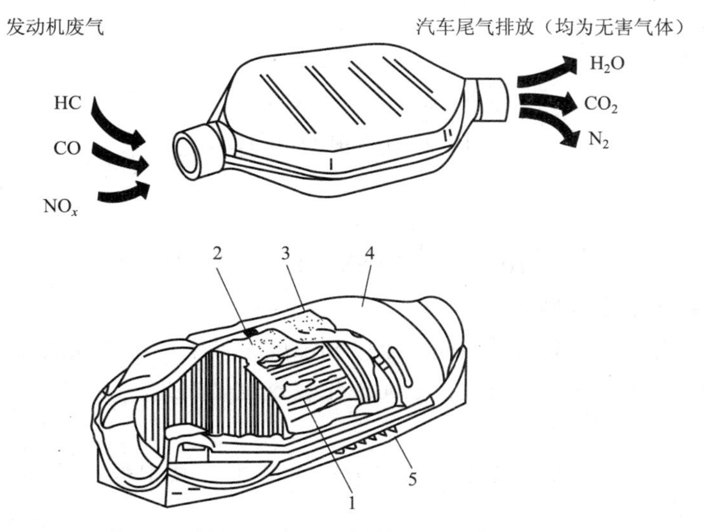

1—载体；2—隔离衬垫；3—隔热材料；4—壳体；5—屏蔽护罩

图 6-1　三元催化装置结构

活性物也就是催化剂，大多由铂（Pt）、钯（Pd）、铑（Rh）等催化性能较好的稀有金属制成，价格昂贵。

三元催化装置安装在汽车底部排气管上，如安装在前排气管和中排气管之间，如图 6-2 所示。

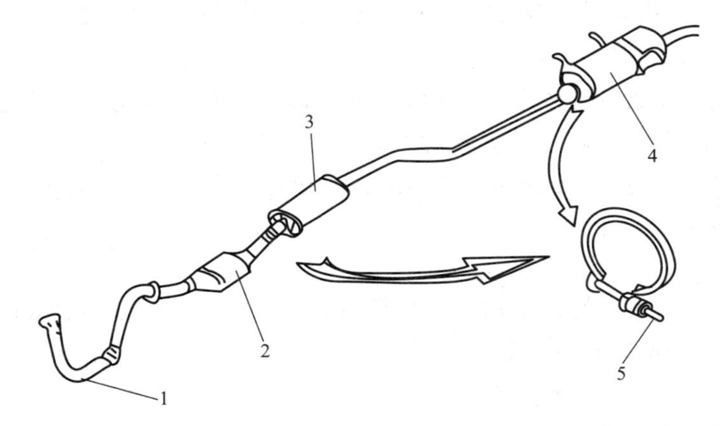

1—前排气管；2—三元催化装置；3—中排气管；4—后消声器；5—排气管环箍螺栓

图 6-2　三元催化装置安装位置示意图

2. 三元催化装置的原理

当高温的汽车尾气通过净化装置时，三元催化装置中的净化剂将增强 CO、HC 和 NO_x

这三种气体的活性，促使其进行一定的氧化还原化学反应。其中，CO 在高温下氧化成为无色、无毒的 CO_2；HC 在高温下氧化成 H_2O 和 CO_2；NO_x 还原成 N_2 和 O_2。三种有害气体变成无害气体，使汽车尾气得以净化。目前采用三元催化装置是在控制 CO、HC、NO_x 技术上最可靠的方法之一。

其具体过程如下。

氧化反应：

$$2CO+O_2=2CO_2$$

$$4HC+5O_2=4CO_2+2H_2O$$

还原反应：

$$2NO+2CO=2CO_2+N_2$$

$$10NO+4HC=5N_2+4CO_2+2H_2O$$

3. 三元催化装置的工作特点

每种元素进行化学反应都会在不同的温度和浓度条件下产生不同的效果。当然，要选择在最佳效果的温度和浓度下进行反应，三元催化装置也是如此。

1）工作温度

三元催化装置正常的工作温度范围是 300 ～ 850 ℃，其中最佳工作温度范围是 400 ～ 600 ℃。

除发动机启动初期排气温度较低以外，其他工况下发动机排气温度均在 300 ～ 850 ℃范围内；而且在发动机正常工作范围内，其排气温度也正好是在 400 ～ 600 ℃范围内，基本符合三元催化装置工作的温度要求。

若温度过高，混合气过浓会使催化转换器负担过大，温度升高。若高温（1 000 ℃ ～ 1 400 ℃）持续时间过长，会损坏催化转换器，导致排气不畅。

2）使用条件

CO、HC、NO_x三种有害气体氧化还原反应转化效果最好是在混合气空燃比 $A/F=14.7\pm0.3$（标准浓度，即理想空燃比）范围内。

氧化反应只有当接近标准浓度 $A/F=14.7$ 时，理论上 C 才可充足氧燃烧，CO 都氧化成 CO_2；HC 和 CO 相类似；NO_x 在 A/F 超过 14.7 以后，转化率急剧下降。

综合分析比较和实验结果显示：只有在理想空燃比情况下，三种有害气体的排放浓度经三元催化后就很少了。

3）三元催化装置要求

（1）对 CO、HC、NO_x 等污染物有良好催化作用，使其进行氧化还原反应。

（2）有足够的机械强度，耐磨、耐机械高压。

（3）本身无毒，而且要有较好的抗毒性能。

（4）有良好的密封性和使用耐久性。

6.1.2 三元催化装置的故障诊断

三元催化装置的主要故障就是氧化还原作用失效，也就是排气中的 CO、HC、NO_x 等有害气体不能氧化还原成 CO_2、H_2O、N_2。

主要原因是以下三个方面。

（1）三元催化装置受到外力冲击造成机械损坏。

（2）三元催化装置由于过热或热老化而失效。

（3）三元催化装置慢性中毒。主要表现为硫、铅、磷、锌在载体表面沉积，硫和铅来自汽油，磷和锌来自润滑油，这四种物质及它们在发动机中燃烧后形成氧化物颗粒易被吸附在催化剂的表面，使催化剂无法与废气接触，从而失去催化作用，造成三元催化装置慢性中毒而失效，导致排气污染物 CO、HC、NO_x 的急剧增加。

（4）表面积碳。当汽车长期工作于低温状态时，三元催化器装置无法启动，发动机排出的炭烟会附着在催化剂的表面，造成无法与 CO 和 HC 接触，长期下来，便使载体的孔隙堵塞，影响其转化效能。

6.1.3 注意事项

（1）装有三元催化装置的汽车，不能使用含铅汽油。因为含铅汽油燃烧后，铅颗粒随废气排经三元催化装置时会覆盖在催化剂表面，使其催化作用面积减少，从而大大降低三元催化装置的转换效率，这就是常说的“三元催化装置铅中毒”。经验表明，即使只使用过一次含铅汽油，也会造成三元催化装置的严重失效。

（2）应避免未燃烧的混合气进入三元催化装置。三元催化装置开始起作用的温度是 200 ℃ 左右，最佳工作温度在 400 ～ 600 ℃；而超过 1 000 ℃后，作为催化剂的金属成分自身也将会产生化学变化，从而使三元催化装置内的有效催化剂成分降低，使催化作用减弱。因此，保护三元催化装置的关键是防止其温度过高。实际使用过程中未燃烧的混合气进入排气系统燃烧，是导致三元催化装置温度过高而损坏的主要原因。

（3）装有三元催化装置的车辆不能行驶至油箱完全无油。无规律的燃料供应可能导致发动机缺火，致使未燃烧的燃料进入排气系统，进而导致三元催化装置过热而损坏。不要长时间让发动机怠速空转。怠速空转时发动机工作不是在最佳状态，发动机内少量混合气未来得及完全燃烧就直接进入排气系统。如果怠速工作时间过长，就导致排气系统的持续升温。

若发动机未启动起来，应等待 30 s 后才可以第二次旋转钥匙启动。如果数次点火不成功，应马上停止启动。因为点火时喷油器会喷油，如果多次点火不成功，汽缸内的大量混合气就会进入排气系统，遇到排气系统的高热或者突然启动成功，都会导致三元催化装置受损。

不要加注过量润滑油，过量润滑油在发动机工作时也会进入排气系统，导致排气系统高温。

（4）行驶过程中应特别注意不要受外力冲击。因为三元催化装置的载体部件是一块多孔陶瓷材料，碰撞后容易破碎，使催化器和排气系统堵塞。

（5）定期检查三元催化装置，查看外表是否有损伤。三元催化装置温度降下来后用手敲击催化器金属表面，如果听到类似陶瓷破碎的声音，说明三元催化装置已经损坏，需要更换。

6.2 柴油车排气后处理装置

柴油车排出的有害物质主要为 PM、NO_x 和可溶性有机成分（soluble organic fraction，SOF，即未燃烧的液态 HC）。针对柴油车排放的特点，柴油车排气后处理装置主要有氧化型催化转换器（DOC）、颗粒过滤器（DPF）和选择性催化还原装置（SCR）三种类型，通过各种理化作用，降低有害物的形成。其工作示意图如图 6-3 所示。

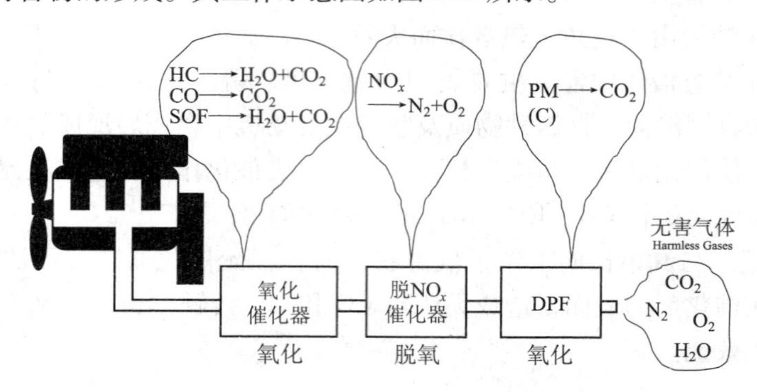

图 6-3　柴油车排气后处理装置工作示意图

从国外的实际情况来看：在欧洲，大部分国家选择“EGR（废气再循环）+SCR”；在美国，则主要选择“DOC+DPF”，并同时采用 EGR。我国在 2019 年国六标准实施后，制造厂家除选用“EGR+SCR”外，还有选择“DPF+SCR”。

6.2.1　氧化型催化转换器

氧化型催化转换器（diesel oxidation catalyst，DOC）是指通过催化氧化反应，能降低排气中的 CO、总碳氢化合物（THC）、PM 等污染物排放量的排气后处理装置。氧化型催化转换器在柴油小轿车上使用较多，如宝马、宝来、捷达等车型。

1. 氧化型催化转换器的结构

氧化型催化转换器由一个蜂窝结构的陶瓷块构成。该蜂窝的通道具有高性能的铂涂层，如 6-4 所示。

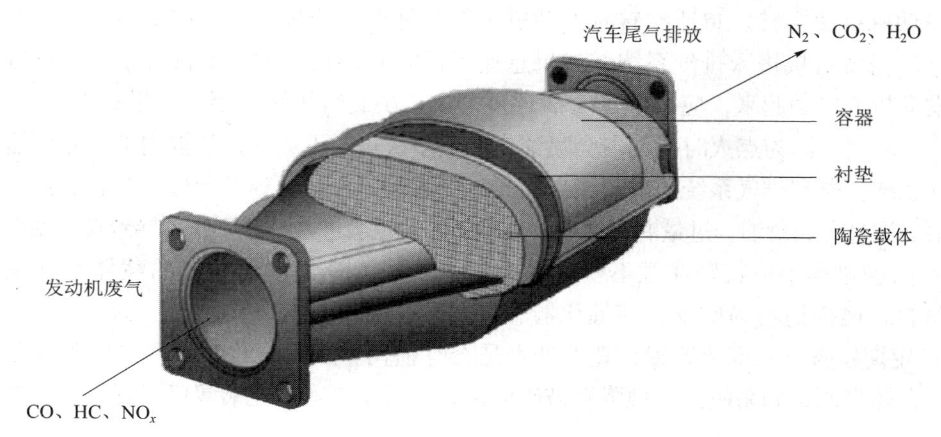

图 6-4　氧化型催化转换器结构示意图

2. 氧化型催化转换器的工作原理

氧化型催化转换器是以 Pt（铂）、Pd（钯）等贵金属作为催化剂，使 SOF 中的大部分碳氢化合物在催化剂作用下发生氧化反应转化为 CO_2 和 H_2O 而被除去，同时还可除去尾气中的 HC、CO、C_2H_4O（乙醛）等有害物质，从而降低 PM 的排放。

其主要化学反应式如下：

$$CO+O_2 \longrightarrow CO_2$$
$$H_mC_n+O_2 \longrightarrow H_2O+CO_2$$
$$NO_x+CO \longrightarrow N_2+CO_2$$
$$NO_x \longrightarrow N_2+O_2$$

氧化型催化转换器的最佳工作温度范围是 200 ～ 350 ℃。当柴油机排气温度低于 150 ℃时，催化剂基本不起作用。随着温度的升高，排气中微粒的主要成分的转化效率逐渐增高。但当温度高于 350 ℃后，由于产生了大量硫酸盐，反而使微粒排放量增大，而且硫酸盐还会覆盖在催化器表面，降低催化剂的活性和转化效率。柴油机氧化型催化转换器的工作温度，仅靠调整发动机工况很难控制其总在这一最佳温度范围内。在宝马车中，氧化型催化转换器位于发动机附近，以便获得高效工作所需的热量。

氧化型催化转换器需要超低硫含量的燃油及高品质润滑油，否则会造成堵塞风险。

6. 2. 2 颗粒过滤器

颗粒过滤器（diesel particulate filter，DPF）是安装在发动机排气系统中（发动机后方，消音器中段），通过过滤来降低排气中的颗粒物的装置。当 DPF 载体的表面涂覆催化剂时，称为催化型颗粒过滤器（catalyzed diesel particulate filter，CDPF），其结构示意图如图 6-5 所示。

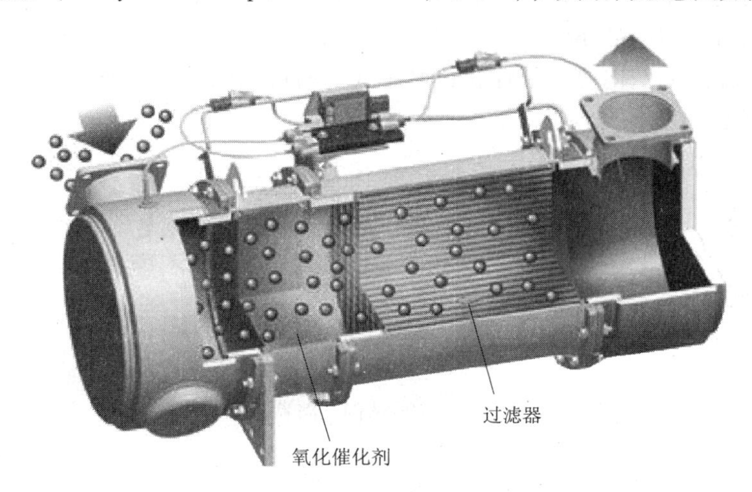

图 6-5 催化型颗粒过滤器结构示意图

1. 颗粒过滤器的结构

颗粒过滤器由过滤器和再生装置组成。

使用 DPF 一段时间以后，需要定期去除掉收集在 DPF 里的 PM，从而恢复 DPF 的过滤性能，这个过程称为颗粒过滤器的再生。颗粒过滤器的再生可分为主动再生和被动再生。主动再生是指利用外加能量（如用电加热器、燃烧器或发动机操作条件的改变来提高排气温度）使 DPF 内部温度达到 PM 的氧化燃烧温度而进行的再生；被动再生是指利用柴油机排气系统本身所具有的能量进行的再生，一般针对于 CDPF 或“DOC+DPF”等系统。

1）过滤器

过滤器结构的不同，直接形成了捕获颗粒物的“过滤方式”的差异。过滤器有“纤维结构”和“蜂窝结构”两种。

纤维结构过滤器是指将碳化硅制造的陶瓷细纤维加工成板状的过滤器。纤维结构过滤器可采用两层结构，这样重叠使用粗过滤网和密过滤网，能尽量减少表面堵塞；进行折叠后可增加表面积，能够捕捉更多的 PM。如图 6-6 所示。

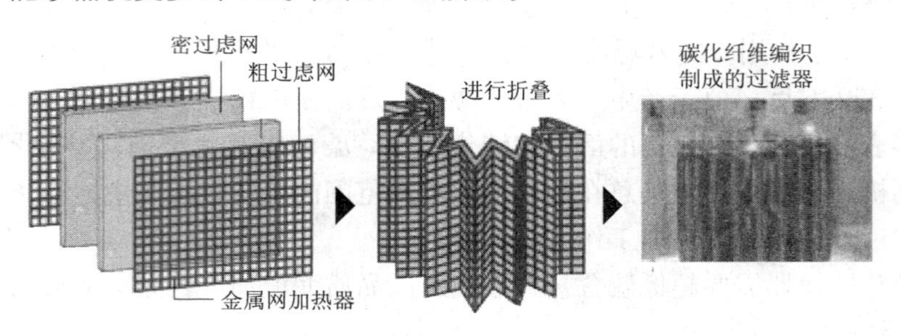

图 6-6　纤维结构过滤器

蜂窝结构过滤器为圆筒状，像蜂窝一样带有无数小洞，因此称为“蜂窝”。常用材料有碳化硅和堇青石两种。这些小洞前后并不贯通。每个小洞都有一端是封闭的，出口处封闭的小洞与入口处封闭的小洞相邻设置，之间夹有“过滤壁”。过滤壁上设有可通过气体的非常小的气孔。进入过滤器内的尾气会从没有出口的洞中进入过滤壁内部。此时，无法进入气孔的颗粒物会附着在过滤壁内侧而被捕获；而尾气会通过气孔进入相邻的小洞，并排放到空气中。如图 6-7 所示。

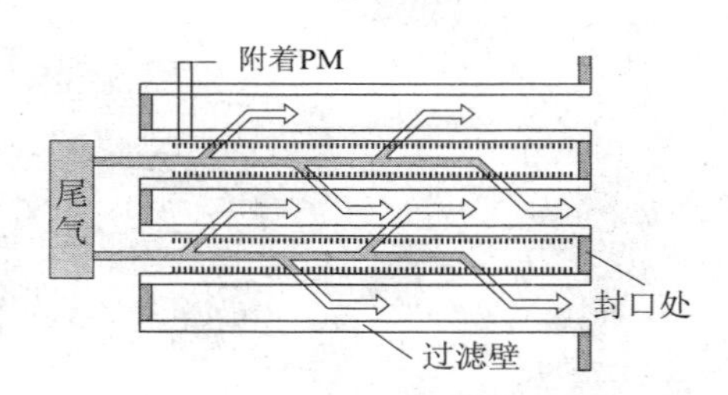

图 6-7　蜂窝结构过滤器简图

2）再生装置

燃烧颗粒物需要 500 ～ 600 ℃的温度，仅靠柴油车尾气的温度无法满足要求。如果因交通堵塞等原因而低速行驶，有时尾气温度会降到 150 ℃左右。捕获的颗粒物的燃烧方法大致分为两类，即捕获再生切换式和连续再生式。

捕获再生切换式是指在过滤器上安装了加热器，利用加热器提高温度，吹入 O_2进行燃烧。这种方法的缺点是，燃烧时无法捕获颗粒物。因此，必须在一辆车上配备两台以上的颗粒过滤器，交替进行捕获与燃烧（再生）。

利用过滤器前后侧安装的压力传感器和阀门进行切换。如果正在进行捕获的过滤器中积攒了一定的颗粒物，过滤器前后就会出现压力差。利用传感器感知这一压力差，切换阀门，停止送入尾气，转为燃烧颗粒物。在此期间车辆利用另一个过滤器进行捕集。

连续再生式（CRT）是指在过滤器前方设置铂金类氧化催化剂层，不是用 O_2 燃烧颗粒物，而是用 NO_2燃烧。利用氧化催化剂层，将尾气中的 NO_x生成 NO_2，同时使用生成的 NO_2燃烧颗粒物。其工作过程如图 6-8 所示。

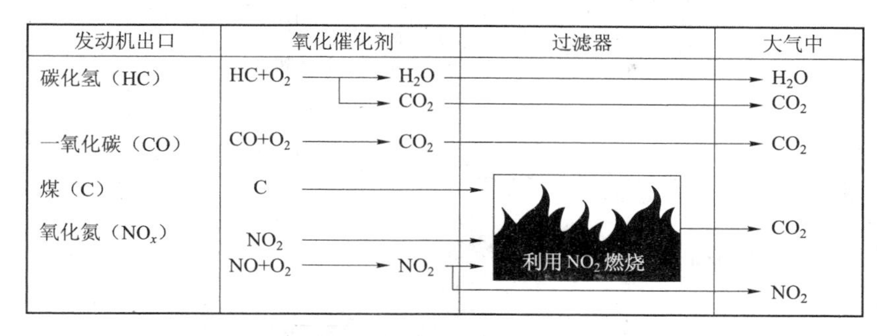

图 6-8　连续再生式工作过程

连续再生式不仅能够去除颗粒物，还可削减 90% 以上的 HC 及 CO 等。在行驶 10 万 km 之后，或者 1 年 1 次，将蜂窝结构过滤器反向安装，便可长时间持续使用。在欧洲国家，连续再生式已经实现实用化。但该装置对柴油的含硫量要求较高，至少应在 50 mg/L 以下；否则柴油会阻碍氧化催化剂层生成 NO_2，而且会生成比发动机出口处更多的硫化物。我国依维柯等柴油车的欧Ⅳ、欧Ⅴ发动机上除采用 EGR、SCR、AdBlue（尿素罐、添蓝罐）系统外，在总质量大于 5 t 的车辆上配置了 CRT 系统。

2. 颗粒过滤器的工作原理

颗粒过滤器的工作原理是：首先通过颗粒过滤器捕获尾气中所含的 PM，然后利用加热器等燃烧 PM，转变为 CO_2，如图 6-9 所示。

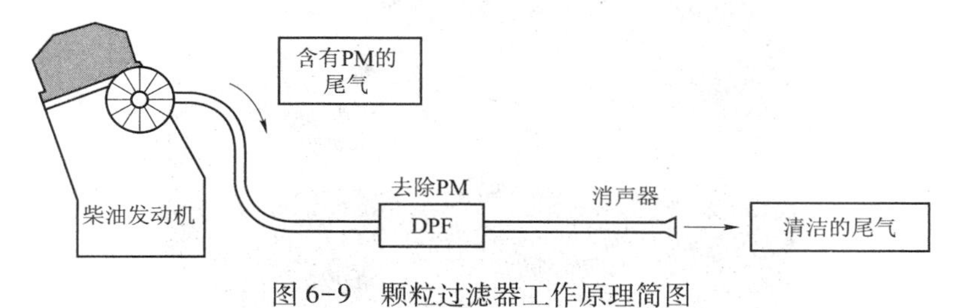

图 6-9　颗粒过滤器工作原理简图

6.2.3　选择性催化还原装置

选择性催化还原装置（selective catalytic reduction，SCR）是指安装在发动机排气系统中，将排气中的 NO_x进行选择性催化还原，以降低 NO_x排放量的排气后处理装置。该系统需要外加能产生还原剂的物质（如能水解产生 NH_3的尿素）。

1. 选择性催化还原装置的系统结构

选择性催化还原装置系统由催化消声器、尿素罐、尿素喷嘴、尿素喷射计量泵、排气温度传感器、DCU（带 OBD）等组成，如图 6-10 所示。

主要部分及作用介绍如下。

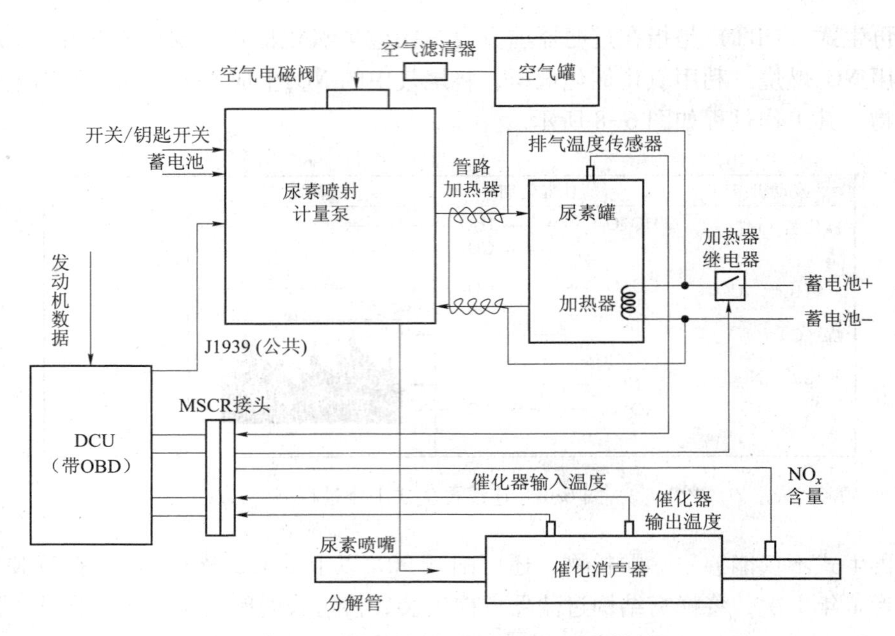

图 6-10　选择性催化还原装置的系统结构图

1）催化消声器

催化消声器是一个整体式的催化和消声装置，装在一个密封的不锈钢外壳内，如图 6-11 所示。在其内部有四个单元，分别是氨扩散器、催化器、防止氨泄漏的氧化层和消声装置（也可以与尾气加热器集成在一起）。

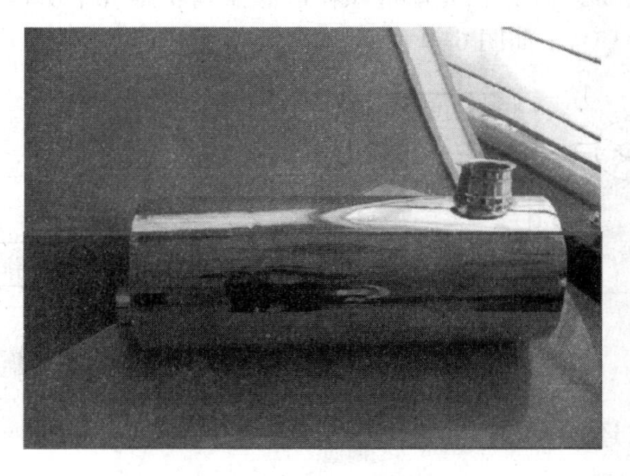

图 6-11　催化消声器

2）尿素罐

尿素罐如图 6-12 所示。SCR 系统目前采用的还原剂是 32.5% 的尿素溶液。尿素罐传感器能够合理地检测出尿素罐的使用情况：监测罐内温度，能够通过发动机热水对罐内结冰的固体加热，保证尿素罐的正常供给；监测罐内液位高度，满液位和零液位、空罐时向后处理系统中央控制模块发出报警信号。

图 6-12　尿素罐

3）尿素喷嘴

尿素喷嘴具有四个直径为 0.5 mm 的孔，具有径向喷雾排列形状。尿素喷嘴在管内必须居中且最好安装在直的排气管上，但可以和排气管成任意角度。如图 6-13 所示。

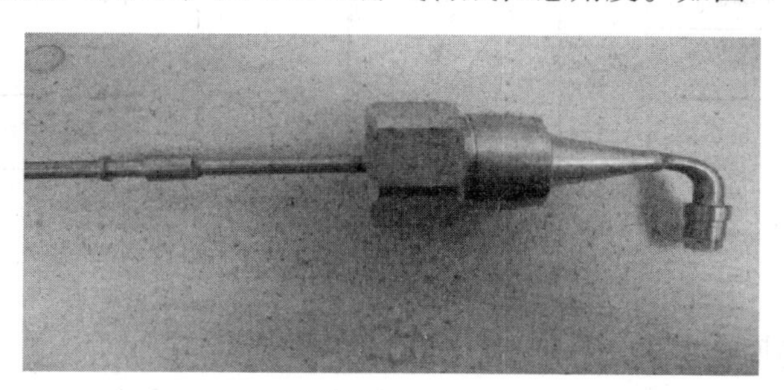

图 6-13　尿素喷嘴

4）排气温度传感器

SCR 系统上装有两个排气温度传感器——一个是进口排气温度传感器，另一个是出口排气温度传感器，用来监测催化器的温度，温度检测范围为 0 ～ 850 ℃。如图 6-14 所示。

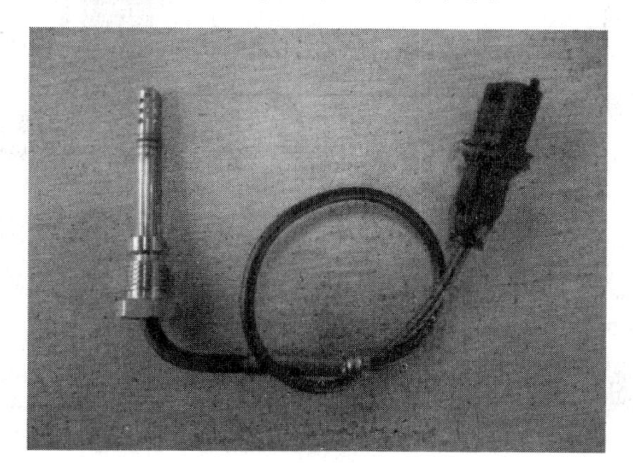

图 6-14　排气温度传感器

5）DCU（带 OBD）

DCU 通过控制发动机转速、排气温度、NO_x 含量、进气湿度等参数进行综合分析，进而调节雾化的尿素喷量。由于催化剂载体温度低于 200℃时，不仅催化剂活性不够，而且会造成尿素水溶液的结晶，致使管路堵塞，因此 DCU 在催化剂载体温度高于 200℃以上才开始喷射。

排放控制用车载诊断 OBD 系统具有识别可能导致排放超标的故障区域的功能，并以故障代码的方式将该信息存储在电控单元存储器内，同时点亮排放相关故障指示灯（MIL 灯）。当故障导致排放明显恶化时，激活发动机减扭矩功能，避免排放进一步恶化；提醒驾驶员尽早进行维修。OBD 系统控制如图 6-15 所示。

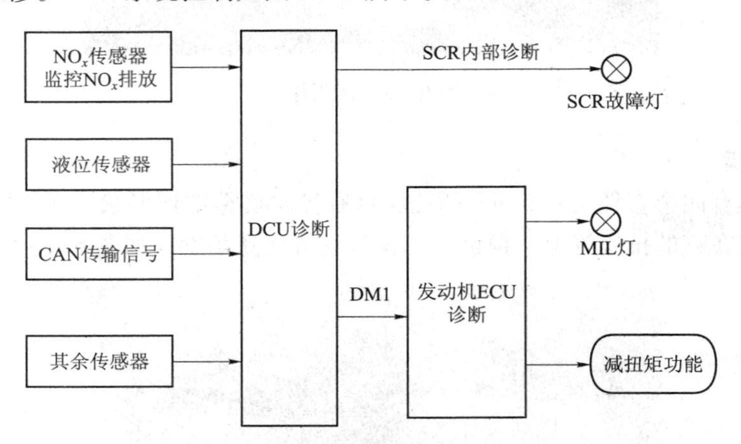

图 6-15　OBD 系统控制示意图

2. 选择性催化还原装置的工作原理

选择性催化还原装置就是通过向发动机排气管内喷入适量的尿素水溶液，在催化剂的作用下将污染较大的 NO_x 还原成 N_2、H_2O，减少 NO_x 的排放。其工作原理如图 6-16 所示。尾气从涡轮出来后进入排气混合管，在混合管内安装尿素溶液计量喷射装置，喷入尿素水溶

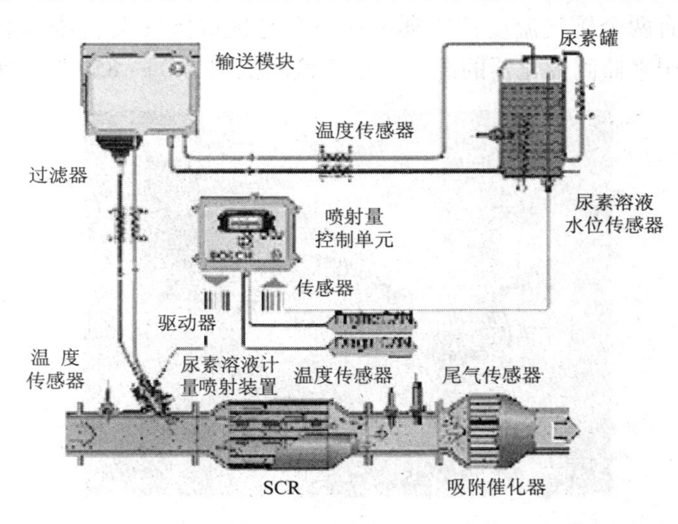

图 6-16　选择性催化还原装置的工作原理图

液，尿素在高温下发生水解和热解反应后生成NH_3。在选择性催化还原装置系统的催化剂表面利用NH_3还原NO_x，排出N_2；多余的NH_3也被氧化为N_2，防止泄漏。一般情况下，消耗100 L燃油的同时会消耗5 L尿素水溶液。

在SCR中发生的化学反应如下。

NH_2CONH_2（尿素）加H_2O后在高温下分解成NH_3和CO_2：

$$NH_2CONH_2+H_2O \rightarrow 2NH_3+CO_2$$

将NO_x还原成N_2和H_2O：

$$NO+NO_2+2NH_3 \rightarrow 2N_2+3H_2O$$

NH_3氧化：

$$4NO+O_2+4NH_3 \rightarrow 4N_2+6H_2O$$

$$2NO_2+O_2+4NH_3 \rightarrow 3N_2+6H_2O$$

由于选择性催化还原装置技术对燃油中硫含量要求不是很高，可接受500 mg/L的燃油硫含量，因此从我国目前的柴油质量实际考虑，宜采用选择性催化还原装置技术。目前，我国有关高校和科研院所正在开展后处理技术（降低柴油机排放）的理论探索和试验研究，主流柴油机厂如锡柴、玉柴、上柴、潍柴、东风等都已经开发了采用国外选择性催化还原装置系统的柴油机。

尿素溶液可选择在服务区、车辆维修站、加油站及汽车专卖店等地点供应，可利用便携式的尿素罐来供给尿素（常见如5 L、10 L和18 L）；也可以设置和加注燃料一样的尿素泵，供给尿素。对于卡车车队或者公交公司等，可以在本单位内部设置中小型的散装容器，储存尿素以备使用。从北京奥运会期间国Ⅳ实施的实际情况来看，北京成功运行了约4 500辆采用选择性催化还原装置技术的公交柴油车，由公交公司负责尿素供给。沈阳、杭州、广州等其他城市也在试验这种车辆。

3. 选择性催化还原装置使用注意事项

（1）SCR系统是一个自动控制的系统，当车辆的钥匙开关处于“ON”时，车辆电压正常，相关管路连接正确，系统将在控制器的指挥下自动排空、自动化冰、自动喷射等，不需人为干预。SCR系统基本上免维护，只要加注符合标准要求的尿素；系统内部终身免维护，车主需保持系统外表干净、电器接头干燥即可。

（2）避免在尿素储存罐中尿素溶液液位低于最低液位的情况下工作。因为喷嘴需要使用尿素溶液来冷却，所以储存罐中的尿素溶液过少会使喷嘴冷却不足，从而导致喷嘴损坏。

（3）SCR系统在发动机停机后，尿素喷射计量泵要抽干管道中的残液，以防结晶堵塞，所以点火开关关闭1 min后再断开蓄电池总开关。

（4）SCR系统的故障暂时不影响发动机正常工作，但故障不能持续时间过长。因为SCR系统不正常工作或停止运行时，车辆排放将不能达到标准而污染环境。如果故障持续时间过长，电控系统将降低发动机的功率。SCR系统出现故障时，SCR故障指示灯会点亮。

（5）SCR系统的维护保养应严格按发动机厂家的规定执行。

思考题

1. 什么是三元催化？汽油车三元催化装置一般安装在哪里？
2. 简述三元催化装置的作用及使用条件。
3. 简述造成三元催化装置失效的原因。
4. 柴油车排气后处理装置有哪几种？
5. 选择性催化还原装置系统由哪几部分组成？尿素溶液的作用是什么？

附录 A　汽车污染物排放检验检测软件确认记录表

检验机构名称：　　　　　　　　　　　　　　　　第 1 页　共 11 页

确认项目	序号	确认内容	确认结果		
			符合√	不符合×	不符合项及说明
排气污染物检验报告单格式	1.1	机动车检验机构及车辆基本信息			
	1.2	外观检验结果及判定			
	1.3	OBD 检查结果及判定			
	1.4	汽油车 ASM 检测结果、限值及判定			
	1.5	柴油车 Lug Down 检测结果、限值及判定			
	1.6	汽油车双怠速法检测结果、限值及判定			
	1.7	柴油车不透光度法检测结果、限值及判定			
	1.8	柴油车滤纸式烟度法检测结果、限值及判定			
	1.9	检验结论			
	1.10	其他内容			
排气污染物检验报告填写方式	2.1	统一要求			
	2.1.1	每次检验需打印一份纸质检验报告，格式见 GB 18285—2018 和 GB 3847—2018 中汽油车污染物排放检验报告样表及柴油车污染物排放检验报告样表，检验报告中所有判定结果均不得空白，不适用于送检车的检测项目其判定结果用“—”表示。检验报告纸质档案保存期限不少于 6 年			
	2.1.2	检验报告的电子版应保留在检验机构计算机的检测数据库中备查，电子档案保存不少于 10 年			

第2页 共11页

确认项目	序号	确认内容	确认结果		
			符合√	不符合×	不符合项及说明
排气污染物检验报告填写方式	2.2	单项填写说明			
	2.2.1	检验报告编号规则：检验报告编号为24位：行政区代码（6位）+联网顺序号（2位）+开始检验时间（12位）（如2016年9月2日15点35分48秒：160902153548）+自定义码（4位）。 报告单分为两页，左上角应为相同报告编号			
	2.2.2	检验日期：8位数，年份（4位）+月份（2位）+日期（2位）			
	2.2.3	资质认定证书号：按照资质认定证书填写			
	2.2.4	车牌颜色：填写“黄牌”“白牌”“黑牌”“新能源”“其他”			
	2.2.5	驱动方式：填写“前驱”“后驱”“分时四驱”“全时四驱/适时四驱”“并装双轴驱动”			
	2.2.6	燃油型式（汽）：填写“缸内直喷”“电喷”（可以细化到“多点电喷”“单点电喷”）；供油方式（柴）：填写“机械”“电喷”			
	2.2.7	混合动力车型：填写驱动电机型号、储能装置型号、电池容量，否则填写“—”表示			
	2.2.8	过量空气系数：应在登录界面留有制造厂商规定的过量空气系数值的录入窗口			
	2.2.9	污染物检测数据：结果为负数或者零时，应记录为“未检出”			
	2.2.10	发动机额定功率（柴）：按照标准GB 3847—2018术语和定义中的3.4填写			
	2.2.11	项目判定：用“合格”或“不合格”表示，且应在相应位置打钩，如：“☑”			
	2.2.12	检验结论：检验结论可以手工填写或加盖条章，不能由计算机出具			
	2.2.13	授权签字人：应手工填写			
	2.2.14	检验依据：在形成不同车辆检验报告单时应根据车辆使用的不同燃料及不同的检测方法，采用不同的排放标准			

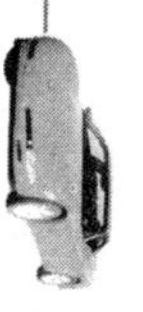

确认项目	序号	确认内容	确认结果		
			符合√	不符合×	不符合项及说明
检测系统软件功能要求	3.1	OBD 诊断仪			
	3.1.1	检测流程： ● 确认车型 ● 检查故障指示器（目测法） ● 读取 OBD 数据			
	3.1.2	技术要求： ● 基本功能，汽油车详见 GB 18285—2018 附件 FA.2，柴油车详见 GB 3847—2018 附件 EA.2. ● 诊断仪适用性 ● OBD 诊断仪应具备以下功能： OBD 诊断仪产品跟踪使用（在线升级功能） 快速检查功能 自动数据传输功能 不得具有清除代码功能 自动打印功能			
	3.1.3	检查数据项： ● 车辆信息：VIN，累计行驶里程 ● OBD 相关信息：控制单元名称、控制单元 CAL ID、控制单元 CVN ● 故障码和故障代码 ● 就绪状态描述 ● IUPR 相关数据 ● 实时数据流			

确认项目	序号	确认内容	确认结果		
			符合√	不符合×	不符合项及说明
检测系统软件功能要求	3.1.4	汽油车实时数据流： ● 节气门绝对开度（%） ● 计算负荷值（%） ● 前氧传感器信号（mV/mA）或过量空气系数 λ ● 车速（km/h） ● 发动机转速（r/min） ● 进气量（g/s）或进气压力（kPa）			
	3.1.5	柴油车实时数据流： ● 油门开度（%） ● 车速（km/h） ● 发动机输出功率（kW） ● 发动机转速（r/min） ● 进气量（g/s） ● 增压压力（kPa） ● 耗油量（L/100km） ● 氮氧传感器浓度（10^{-6}） ● 尿素喷射量（L/h） ● 排气温度（℃） ● 颗粒捕集器压差（kPa） ● EGR 开度（%） ● 燃油喷射压力（MPa）			

第 5 页　共 11 页

确认项目	序号	确认内容	确认结果		
			符合√	不符合×	不符合项及说明
检测系统软件功能	3.2	汽油车检测要求			
	3.2.1	启动要求： ● 启动后输入专用密码，应显示以下内容，不能直接进入系统 ——×××汽车排放检测站排放测试系统 ——当天日期：××××年××月××日 ● 主菜单要求：排放测试、设备日常检查、设备检定/检查、维修保养 ● 底盘测功机预热 ● 操作管理权限 ● 锁定系统			
	3.2.2	系统锁止，不能测试： ● 设备正在预热中 ● 设备检查超出有效期，需要重新检查 ● 系统存在不能正常检测的故障 ● 检测站资质认定证书被主管部门暂扣/撤销/过期 ● 车辆基本信息不完整 ● 零点校正、环境空气测定、背景空气浓度取样和 HC 残留检查，只有满足要求才能使用（可以进行手动操作）。 ● 每天开机检测前，应对排气分析仪取样系统进行泄漏检查 ● NDIR 光束强度衰减到超出修正范围 ● 每 24 h 进行一次低浓度标准气体检查 ● 测功机预热未按规定进行 ● CO 与 CO_2 浓度之和小于 6% 或发动机熄火 ● ASM5025 整个测试工况累计最大时长超过 145 s ● ASM2540 整个测试工况累计最大时长超过 145 s			
	3.2.3	设备日常检查： ● 测功机摩擦功检查（滑行测试、附加损失测试） ● 排气分析仪检查（24 h 单点检查、五点检查）			
	3.2.4	底盘测功机： ● 力传感器检查 ● 速度检查			

第 6 页　共 11 页

确认项目	序号	确认内容	确认结果		
			符合√	不符合×	不符合项及说明
检测系统软件功能	3.2.5	自动控制程序软件和显示： ● 数据采集和分析系统应完全自动化，软件根据车辆信息自动开始测试，自动采集、记录气象站参数 ● 具有检查时限显示和控制要求及设备预热和自检提示及显示 ● 主控界面应显示的内容见 GB 18285—2018 附录 B BD.4 操作系统应配备清晰可见的驾驶员助手仪，正式测试期间助手仪不应显示排放实测值，且应具有屏幕打印功能			
	3.2.6	检测场环境参数：相对湿度（%）、干球温度（℃）、大气压力（kPa）			
	3.3	双怠速检测			
	3.3.1	检测流程： 司机助显示屏应严格按照 GB 18285—2018 的要求，至少显示下列内容（以轻型车为例）： ● 双怠速检侧前应该显示检查发动机冷却液或润滑油温度不低于 80 ℃或者汽车使用说明书规定的热状态 ● 加速至 3 500 r/min 或企业规定的暖机转速 ● ×××× r/min 倒计时××秒（注：应倒计时 30 s，显示屏无法显示时，可省掉“倒计时”三个字，下同） ● 降速至（2 500±200）r/min（重型车 1 800±200） ● 插入取样探头 ● ×××× r/min 倒计时××秒（注：应倒计时 15 s） ● 采样倒计时××秒（注：应倒计时 30 s ） ● 降至怠速 ● ×××× r/min 倒计时××秒（注：应倒计时 15 s） ● 采样倒计时××秒（注：应倒计时 30 s） ● 测试过程中，如果任何时刻的 CO 与 CO_2 之和小于 6.0% 或者发动机熄火，应终止检测			

确认项目	序号	确认内容	确认结果		
			符合√	不符合×	不符合项及说明
检测系统软件功能	3.3.2	双怠速法检验结果显示（主控机显示屏） ● CO 含量 ● HC 含量 ● CO_2含量 ● O_2含量 ● 过量空气系数 λ			
	3.3.3	检测过程数据（主控机显示屏） ● 发动机机油温度（℃） ● 发动机转速（r/min） ● 检验时间（s） ● 工况时间（s） ● 逐秒 HC 浓度（未经稀释修正） ● 逐秒 CO 浓度值（未经稀释修正） ● 逐秒 CO_2浓度值 ● 逐秒 O_2浓度值 ● 逐秒高怠速入值			
	3.4	稳态工况法检测			
	3.4.1	屏幕提示要求： 实施检测前显示屏至少应有以下提示：车辆预热情况，驱动形式，驱动轮是否干燥清洁，车辆是否限位，前驱车辆是否使用驻车制动，是否双排气管，是否插入取样探头，是否安装转速计，是否调零，空气含量检测及 HC 残留量检测，等等。以上显示文字自己组织，但必须表达清晰，每一步必须由人工确认；同时进行零点校正、环境空气测定、背景空气检查和 HC 残留，不符合要求不能进入排放检侧			
	3.4.2	检测流程要求： 详见 B4.3.2 ASM 工况和 B4.3.3 ASM2540 工况			

第 8 页　共 11 页

确认项目	序号	确认内容	确认结果		
			符合√	不符合×	不符合项及说明
检测系统软件功能	3.4.3	ASM5025 和 ASM2540 检测数据： ● 最终 HC 平均值 ● 最终 CO 平均值 ● 最终 10 s 内 NO 平均值 ● 底盘测功机加载总功率 ● 相对于每个检测结果的发动机转速 ● 被检测车辆的车速			
	3.4.4	检测过程数据： ● 检测时间（s） ● 每一工况时间（s） ● 检测过程中逐秒的车速（km/h） ● 检测过程中逐秒发动机转速（r/min） ● 检测过程中逐秒底盘测功机负载（kg） ● 每秒 HC 浓度值（未经修正） ● 每秒 CO 浓度值（未经修正） ● 每秒 NO 浓度值（未经修正） ● 每秒 CO_2 浓度值 ● 每秒 O_2 浓度值 ● 逐秒计算的过量空气系统 λ ● NO 湿度修正系数 ● 逐秒稀释修正系数 DF ● 每秒 HC 浓度值（修正后） ● 每秒 CO 浓度值（修正后） ● 每秒 NO 浓度值（修正后）			

第 9 页　共 11 页

确认项目	序号	确认内容	确认结果		
			符合√	不符合×	不符合项及说明
检测系统软件功能	3.5	柴油车检测要求			
	3.5.1	系统锁止，不能测试： ● 设备正在测试中 ● 设备检查超出有效期，需要重新检查 ● 系统存在不能正常检测故障 ● 车辆基本信息不完整 ● 零点校正 ● 每天开机前，应对 NO_x 分析仪取样系统进行泄漏检查 ● 每 24 h 进行一次单点检查 ● 测功机预热 ● 检测期间，环境温度超过 42 ℃ ● 功率扫描过程中，排气中 CO_2 的实测浓度低于 2% ● 加载减速检测过程超过 3 min			
	3.5.2	设备日常检查： ● 测功机摩擦功检查（附加损失测试、负荷精度测试） ● NO_x 分析仪检查（单点检查、五点检查）			
	3.5.3	底盘测功机： ● 力传感器检查 ● 速度测试			
	3.5.4	环境检测参数：相对湿度（%）、环境温度（℃）、大气压力（kPa）			
	3.6	自由加速法检侧			
	3.6.1	车辆准备要求：保证车处于热状态，检侧前应采用三次自由加速过程或者其他等效的方法吹拂排气系统，以清扫排气系统中的残留污染物			
	3.6.2	检测流程：每次自由加速循环的开始点发动机均处于怠速状态。对重型车发动机，将油门踏板放开至少等待 10 s。每次自由加速测量时，必须在 1 s 的时间内将油门踏板连续完全踩到底。重复进行三次自由加速过程，记录每次自由加速最大值			

确认项目	序号	确认内容	确认结果		
			符合√	不符合×	不符合项及说明
检测系统软件功能	3.6.3	自由加速检验结果（主控机显示屏）：三次光吸收系数 k 测量结果最大值的算术平均值			
	3.6.4	自由加速过程数据（主控机显示屏） ● 检测时间（s） ● 每一工况时间（s） ● 发动机转速（r/min） ● 逐秒检侧的光吸收系数 k（m^{-1}）			
	3.7	加载减速法检测			
	3.7.1	屏幕提示要求： 实施检测前显示屏至少应有以下提示：车辆是否预检、车辆预热情况，驱动形式，驱动轮是否干燥清洁，车辆是否限位，前驱车辆是否使用驻车制动，是否安装转速计，是否调零/量距检查，是否插入取样探头，ASR/ATC 功能是否关闭等。以上显示文字自己组织，但必须表达清晰，每一步必须由人工确认			
	3.7.2	检测流程：详见 GB 3847—2018 B4.2			
	3.7.3	加载减速法检测结果 ● 100% VelMaxHP 点的光吸收系数 k（m^{-1}） ● 80% VelMaxHP 点的光吸收系数 k（m^{-1}） ● 80%点氮氧化合物 ● 实测最大轮边功率（kW） ● 实测最大功率点的发动机转速（r/min）			

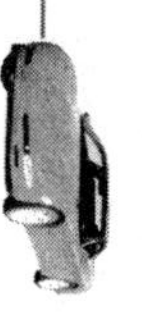

<table>
<tr><th rowspan="2">确认项目</th><th rowspan="2">序号</th><th rowspan="2">确认内容</th><th colspan="3">确认结果</th></tr>
<tr><th>符合√</th><th>不符合×</th><th>不符合项及说明</th></tr>
<tr><td rowspan="2">检测
系统
软件
功能</td><td>3.7.4</td><td>检测过程数据：
• 检测持续时间（s）
• 工况时间（s）
• 每秒检测的车速（km/h）
• 每秒检测的发动机转速（r/min）
• 每秒检测的测功机载荷（kW）
• 逐秒测功机载荷（kW）
• 逐秒测功机扭矩（N·m）
• 每秒检测的光吸收系数 k（m^{-1}）
• 逐秒二氧化碳浓度（%）
• 逐秒氮氧化合物浓度（10^{-6}）</td><td></td><td></td><td></td></tr>
<tr><td>3.7.5</td><td>标准显示功能的要求：软件中必须提供检测标准的显示功能</td><td></td><td></td><td></td></tr>
<tr><td colspan="6">确认结论：</td></tr>
</table>

确认人签字：　　　　　　　　　　　　日期：　年　月　日

检验机构技术负责人签字：　　　　　　日期：　年　月　日

软件公司现场负责人签字：　　　　　　日期：　年　月　日

参考文献

[1] 生态环境部　国家市场监督管理总局．GB 3847—2018　柴油车污染物排放限值及测量方法（自由加速法及加载减速法）[S].

[2] 生态环境部　国家市场监督管理总局. GB 18285—2018　汽油车污染物排放限值及测量方法（双怠速法及简易工况法）[S].

[3] 国家环境保护总局　国家质量监督检验检疫总局. GB 18322—2002　农用运输车自由加速烟度排放限值及测量方法 [S].

[4] 环境保护部　国家质量监督检验检疫总局. GB 14621—2011　摩托车和轻便摩托车排气污染物排放限值及测量方法（双怠速法）[S].

[5] 国家环境保护总局. HJ/T 289—2006　汽油车双怠速法排气污染物测量设备技术要求 [S].

[6] 国家环境保护总局. HJ/T 291—2006　汽油车稳态工况法排气污染物测量设备技术要求 [S]

[7] 国家环境保护总局．HJ/T 290—2006　汽油车简易瞬态工况法排气污染物测量设备技术要求 [S].

[8] 国家环境保护总局. HJ/T 292—2006　柴油车加载减速工况法排气烟度测量设备技术要求 [S].

[9] 环境保护部. HJ 451—2008 环境保护产品技术要求　柴油车排气后处理装置 [S].

[10] 张雪莉．机动车排气污染物检测技术. 2 版. 北京：北京交通大学大学出版社，2014.